"十二五"国家重点出版规划项目

/现代激光技术及应用丛书/

太阳光泵浦激光器

赵长明　编著

国防工业出版社

·北京·

内 容 简 介

作为国内外第一本专门介绍太阳光泵浦固体激光器发展状况及相关研究工作的著作,本书在综述太阳光泵浦固体激光器研究历史的基础上:首先介绍了空间和地面上太阳光的特性、太阳光跟踪系统的研究、适用于太阳光泵浦固体激光器的太阳光汇聚光学系统;其次介绍了太阳光泵浦固体激光器的若干理论问题,其中包括太阳光泵浦固体激光器的能量转换模型、太阳光泵浦固体激光器的速率方程理论和激光工作物质与太阳光谱的光谱匹配;再次介绍了太阳光泵浦固体激光器材料方面的研究工作和典型的太阳光泵浦固体激光器系统;最后介绍了太阳光泵浦固体激光器的应用前景,主要是对太阳光泵浦固体激光器未来发展和应用的展望。

本书可供激光和电子技术方向的本科生、研究生以及工程技术人员学习与参考。

图书在版编目(CIP)数据

太阳光泵浦激光器/赵长明编著. —北京:国防工业出
版社,2016.11

(现代激光技术及应用)

ISBN 978 - 7 - 118 - 10589 - 6

Ⅰ.①太… Ⅱ.①赵… Ⅲ.①日光—光泵浦—激光器

Ⅳ.①TN245

中国版本图书馆 CIP 数据核字(2016)第 299492 号

※

*国防工业出版社*出版发行

(北京市海淀区紫竹院南路 23 号 邮政编码 100048)

北京嘉恒彩色印刷有限责任公司印刷

新华书店经售

*

开本 710×1000 1/16 印张 13½ 字数 275 千字

2016 年 11 月第 1 版第 1 次印刷 印数 1—2500 册 定价 68.00 元

(本书如有印装错误,我社负责调换)

国防书店:(010)88540777 发行邮购:(010)88540776

发行传真:(010)88540755 发行业务:(010)88540717

丛书学术委员会 （按姓氏拼音排序）

主　任	金国藩	周炳琨		
副主任	范滇元	龚知本	姜文汉	吕跃广
	桑凤亭	王立军	徐滨士	许祖彦
	赵伊君	周寿桓		
委　员	何文忠	李儒新	刘泽金	唐　淳
	王清月	王英俭	张雨东	赵　卫

丛书编辑委员会 （按姓氏拼音排序）

主　任	周寿桓			
副主任	何文忠	李儒新	刘泽金	王清月
	王英俭	虞　钢	张雨东	赵　卫
委　员	陈卫标	冯国英	高春清	郭　弘
	陆启生	马　晶	沈德元	谭峭峰
	邢海鹰	阎吉祥	曾志男	张　凯
	赵长明			

序

　　世界上第一台激光器于 1960 年诞生在美国,紧接着我国也于 1961 年研制出第一台国产激光器。激光的重要特性(亮度高、方向性强、单色性好、相干性好)决定了它五十多年来在技术与应用方面迅猛发展,并与多个学科相结合形成多个应用技术领域,比如光电技术、激光医疗与光子生物学、激光制造技术、激光检测与计量技术、激光全息技术、激光光谱分析技术、非线性光学、超快激光学、激光化学、量子光学、激光雷达、激光制导、激光同位素分离、激光可控核聚变、激光武器等。这些交叉技术与新的学科的出现,大大推动了传统产业和新兴产业的发展。可以说,激光技术是 20 世纪最具革命性的科技成果之一。我国也非常重视激光技术的发展,在《国家中长期科学与技术发展规划纲要(2006—2020 年)》中,激光技术被列为八大前沿技术之一。

　　近些年来,我国在激光技术理论创新和学科发展方面取得了很多进展,在激光技术相关前沿领域取得了丰硕的科研成果,在激光技术应用方面取得了长足的进步。为了更好地推动激光技术的进一步发展,促进激光技术的应用,国防工业出版社策划并组织编写了这套丛书。策划伊始,定位即非常明确,要“凝聚原创成果,体现国家水平”。为此,专门组织成立了丛书的编辑委员会。为确保丛书的学术质量,又成立了丛书的学术委员会。这两个委员会的成员有所交叉,一部分人是几十年在激光技术领域从事研究与教学的老专家,一部分人是长期在一线从事激光技术与应用研究的中年专家。编辑委员会成员以丛书各分册的第一作者为主。周寿桓院士为编辑委员会主任,我们两位被聘为学术委员会主任。为达到丛书的出版目的,2012 年 2 月 23 日两个委员会一起在成都召开了工作会议,绝大部分委员都参加了会议。会上大家进行了充分讨论,确定丛书书目、丛书特色、丛书架构、内容选取、作者选定、写作与出版计划等等,丛书的编写工作从那时就正式地开展起来了。

　　历时四年至今日,丛书已大部分编写完成。其间两个委员会做了大量的工作,又召开了多次会议,对部分书目及作者进行了调整,组织两个委员会的委员对编写大纲和书稿进行了多次审查,聘请专家对每一本书稿进行了审稿。

　　总体来说,丛书达到了预期的目的。丛书先后被评为“十二五”国家重点出版规划项目和国家出版基金项目。丛书本身具有鲜明特色：①丛书在内容上分三个部分，激光器、激光传输与控制、激光技术的应用，整体内容的选取侧重高功率高能激光技术及其应用；②丛书的写法注重了系统性，为方便读者阅读，采用了理论—技术—应用的编写体系；③丛书的成书基础好，是相关专家研究成果的总结和提炼，包括国家的各类基金项目，如973项目、863项目、国家自然科学基金项目、国防重点工程和预研项目等，书中介绍的很多理论成果、仪器设备、技术应用获得了国家发明奖和国家科技进步奖等众多奖项；④丛书作者均来自国内具有代表性的从事激光技术研究的科研院所和高等院校，包括国家、中科院、教育部的重点实验室以及创新团队等，这些单位承担了我国激光技术研究领域的绝大部分重大的科研项目，取得了丰硕的成果，有的成果创造了多项国际纪录，有的属国际首创，发表了大量高水平的具有国际影响力的学术论文，代表了国内激光技术研究的最高水平，特别是这些作者本身大都从事研究工作几十年，积累了丰富的研究经验，丛书中不仅有科研成果的凝练升华，还有着大量作者科研工作的方法、思路和心得体会。

综上所述，相信丛书的出版会对今后激光技术的研究和应用产生积极的重要作用。

感谢丛书两个委员会的各位委员、各位作者对丛书出版所做的奉献，同时也感谢多位院士在丛书策划、立项、审稿过程中给予的支持和帮助！

丛书起点高、内容新、覆盖面广、写作要求严，编写及组织工作难度大，作为丛书的学术委员会主任，很高兴看到丛书的出版，欣然写下这段文字，是为序，亦为总的前言。

2015 年 3 月

太阳光泵浦激光器是指直接以太阳光作为泵浦源的激光器,其具有能量转换环节少、可靠性高、使用寿命长和能量转换效率较高的鲜明特点,在只有太阳光作为唯一能源形式存在的太空中可能发挥独特的作用。在诸如激光途径空间太阳能电站、激光空间无线能量传输、激光清除空间碎片、激光推进、空间激光通信、空间激光雷达等涉及激光的多种空间应用方面具有潜在的应用前景。在地面上,太阳光泵浦激光器在新型能源开发(基于镁的能量循环)、环境保护(高熔点有害废弃物的光化学分解)等方面得到应用。

太阳光泵浦激光器与太阳能泵浦激光器不同。太阳能泵浦激光器存在两种可能的工作方式:一是直接利用太阳光作为激光泵浦源,二是首先通过太阳能电池板将太阳光转化成电能,然后再以电能激励激光器,其后过程与一般激光器无异。本书只就太阳光直接泵浦激光器展开论述。

太阳光泵浦激光器是一个既老又新的话题。激光发明之后不久,1965年Young报道了第一台太阳光泵浦固体激光器。其后以色列Weizmann科学研究所、美国芝加哥大学、美国NASA及其所属研究机构、日本东北大学、日本东京理工大学、葡萄牙里斯本新大学等研究机构在太阳光泵浦固体激光器方面开展了一系列研究工作。美国NASA曾就空间应用的激光器展开对比分析,其中太阳光泵浦激光器是一个可能的选择,并就太阳光泵浦的碘化合物激光器进行了一系列理论和实验研究。总的来说,相比于其他形式泵浦源的激光器,太阳光泵浦激光器是一种独特、新颖的"小众"激光器,开展研究的机构较少。进入21世纪以来,太阳光泵浦固体激光器的研究进入了一个新的发展阶段。以接收太阳光的单位面积上可以获得的激光输出功率作为衡量太阳光泵浦固体激光器能量转换效率的指标,20世纪90年代Weizmann科学研究所采用Nd：YAG晶体最高达到$6.7W/m^2$的指标,2009年东京理工大学采用Cr,Nd：YAG激光陶瓷达到

$20W/m^2$ 的指标,里斯本新大学采用 Nd：YAG 晶体达到 $19.5W/m^2$ 的指标。2012 年,东京理工大学的最新报道更是达到了 $30W/m^2$ 的最新指标。新阶段的主要标志是:接收太阳光单位面积上获得的激光输出功率大幅提高;普遍使用廉价、大面积的菲涅尔透镜作为太阳光汇聚光学元件;激光工作物质从 Nd：YAG 激光晶体发展到 Cr,Nd：YAG 激光陶瓷。

作者领导的项目组是国内首先开展太阳光泵浦固体激光器研究的单位,2005 年开始从事太阳光泵浦固体激光器的研究,2007 年获得国家自然科学基金小额资助,2008 年年底采用 Nd：YAG 晶体获得激光输出,2010 年获得国家自然科学基金面上项目的支持,经过项目组持续不断的理论研究和实验改进,2012 年 7 月份获得了 18W 的激光输出。2014 年再次获得国家自然科学基金面上项目资助,进一步采用分腔水冷结构锥形聚光腔和螺纹棒,获得了 33W 的激光输出,折算到每平米太阳光面积上,收集效率达到 $32.1W/m^2$,超过了东京理工大学 2012 年报道的指标,成为迄今为止获得的最高指标。

值得高兴的是,由于本项目组在太阳光泵浦固体激光器方面的研究工作基础,"十二五"期间我们参加了"空间太阳能电站"的民用航天预先研究项目和 863 计划"分布式可重构卫星技术"项目,这两个项目为太阳光泵浦固体激光器找到了可能的应用途径,更坚定了我们从事这一方向研究的信心。2011 年年底接到周寿桓院士的通知,进行"现代激光技术及应用"丛书中《太阳光泵浦激光器》分册的写作。本书内容是我们项目组全体成员多年在该方向上研究工作的汇集,集中了全体成员的辛勤劳动和汗水。特别是已经毕业的何建伟博士、张立伟硕士、罗萍萍硕士、崔浩硕士、刘诚硕士、王华昕硕士以及在学的徐鹏博士生、关哲博士生、王云石博士生和张逸辰硕士生为本书的内容做出了重要贡献。

太阳光泵浦固体激光器的核心问题是如何高效率地将宽光谱、非相干的太阳光转换成窄光谱、高度相干的激光。太阳光的特性是研究太阳光泵浦激光器首先需要研究的问题,所以在第 1 章介绍太阳光泵浦固体激光器研究历史的基础上,第 2 章介绍了空间和地面上太阳光的特性。第 3 章介绍了太阳光泵浦固体激光器的太阳光汇聚光学系统。第 4 章介绍了太阳光泵浦固体激光器的若干理论问题,其中包括太阳光泵浦固体激光器的能量转换模型、太阳光泵浦固体激光器的速率方程理论和激光工作物质与太阳光谱的光谱匹配。第5章介绍了我们在太阳光泵浦固体激光器材料方面的研究工作。第6章介绍了典型的太阳光泵浦固体激光器系统。第7章介绍了太阳光泵浦固体激光器的应用前景,主要是对太阳光泵浦固体激光器未来发展和应用的展望。其中,第1章、第6章、第7章由赵长明执笔,第2章、第4章由张海洋执笔,第3章、第5章由杨苏辉执笔,赵长明负责全书的统稿。

希望本书能够在太阳光泵浦固体激光器方面起到抛砖引玉的作用,能够给激光界同行了解太阳光泵浦固体激光器提供方便,并为激光和光电子技术方向的本科生、研究生丰富激光方面的知识、扩展视野发挥作用。特别希望潜在的应用单位通过本书获得太阳光泵浦固体激光器方面的信息,作为进一步思考和研究其可能应用的基础。

衷心感谢国家自然科学基金委员会信息学部对该方向研究的持续支持,感谢周寿桓院士及"现代激光技术及应用"丛书编委会的关心和支持,感谢所有对本书出版做出贡献的同行和朋友们。

作者

2016.8

目录

第3章 太阳光直接泵浦激光器理论模型

第4章 太阳光汇聚系统设计

第5章 太阳光泵浦固体激光器工作物质

第6章 典型的太阳光泵浦固体激光器系统

第7章 太阳光泵浦固体激光器的应用前景

第1章
太阳光泵浦激光器的发展历程

1.1　概述

1960 年,美国休斯公司的梅曼博士发明了世界上第一台激光器——红宝石激光器[1],开启了人类制造和使用激光这种高单色性、高方向性和高亮度相干光源的历史。激光的高单色性使其可以应用于相干探测、干涉测量、激光雷达等信息应用,激光的高方向性使其可以应用于远程测距、星间激光通信等远距离应用,而激光的高亮度使其可以应用于激光武器、工业加工、医疗手术等。激光的出现至今已有 50 多年的历史,曾被列为 20 世纪十项最伟大的发明之一,已经广泛应用于科学研究、工业加工制造、医疗与诊断、消费电子类产品及国防等各个领域。

激光器种类繁多,按照《激光术语国家标准》的规定,根据激光工作物质的种类可以分为固体激光器、气体激光器、液体激光器、半导体激光器、化学激光器、自由电子激光器与光纤激光器 7 类,其中以晶体、玻璃、透明陶瓷为基质的固体激光器以其输出功率高、体积小、结构比较坚固紧凑、使用方便等特点成为应用最广泛的激光器种类之一。

固体激光器均采用光泵浦方式获得能量输入,激光诞生之初曾尝试过多种光源用于固体激光器的泵浦,经过数十年的探索和实践,目前主要使用的泵浦光源包括闪光灯、弧光灯和半导体激光器。闪光灯、弧光灯作为固体激光器的泵浦源使用了约 40 年,自从 20 世纪 90 年代开始,以半导体激光器作为泵浦源的固体激光器(Diode Pumped Solid State Lasers,DPSSL,亦称为全固态激光器)逐渐取代了闪光灯与弧光灯泵浦的固体激光器,半导体激光器成为固体激光器的主要泵浦方式。相比于闪光灯与弧光灯,以半导体激光器作为固体激光器的泵浦源,具有电光转换效率高、光束质量易于控制、输出稳定性高和体积小等特点,而且随着半导体激光器价格的不断降低,全固态激光器与灯泵固体激光器的价格差距逐渐缩小。从 20 世纪末期开始,随着新型光纤结构——双包层光纤的出现,半导体激光器泵浦的光纤激光器成为固体激光领域的研究热点。经过十几年的发展,半导体激光器泵浦的光纤激光器已经在连续输出和高重频、低能量输出能力方面达到甚至超过了以往固体激光器的输出能力,成为新一代固体激光器的典型代表。

太阳光是地球上最主要的能量来源。太阳光不仅为地球上的生物(包括人类)带来了光明和温暖,而且目前人类使用的最主要的化石能源——石油、天然气与煤炭,追根溯源,也是由远古时代的太阳光能量转化而来的。随着地球上人口数量的增长、生活水平的提高,伴随着能源消耗的迅速增长,传统化石能源储量日趋减少。此外,传统化石能源的消耗过程是基于碳循环的能源消耗过程,其间伴随着大量的二氧化碳排放到大气中,造成了日益严重的气候变化和环境污染。寻找开发替代传统化石能源的可再生能源是目前各国政府和科技界面临的一个重大研究课题,各国政府对可再生能源的开发与利用投入了越来越多的人力和物力。太阳能的开发和利用是其中最为重要的一项研究内容。

由于太阳光是地球上最主要的能量来源,也是人们最熟悉的光源,在激光诞生之后不久就有人想到了利用太阳光作为固体激光器的泵浦源。从 1963 年美国普林斯顿 RCA 实验室的 Z. J. Kiss 等人使用太阳光直接泵浦放置在 27K 液氦中的 $CaF_2 : Dy^{2+}$ 观察到激光输出后[2],人们对于太阳光泵浦激光器的研究就从未停止。经过 50 多年的发展,太阳光直接泵浦的激光器研究有了很大的进展。激光输出功率从最初的连续输出 1W[3] 提高到 500W[4];衡量太阳光泵浦激光器输出效率的一个常用指标是收集效率(collection efficiency),即地面上每平方米太阳辐射面积上能够获得的激光输出功率,收集效率从小于 $1W/m^2$ 提高到 $30W/m^{2[5]}$。所研究的激光器从最初的固体和气体激光器到光纤激光器;所采用的工作物质从最早的 $CaF_2 : Dy^{2+}$、红宝石、Nd: YAG 到 Cr: Nd: YAG、Cr: Nd: GS-GG 等双掺物质;基质材料也从最早的晶体发展到陶瓷、光纤等;汇聚系统从单一的成像光学器件发展到成像与非成像器件相结合;这些发展使得太阳光泵浦固体激光器的输出获得了提高,阈值泵浦功率也相应下降,具备了实际应用、特别是空间应用的能力。

太阳光泵浦激光器的发展既从来没有成为激光领域的研究热点和主流,也从来没有完全停止,而是随着需求的不断出现和相关技术的不断进步,呈现出时起时伏的发展态势。太阳光泵浦固体激光器的发展历史,生动地显示出需求牵引、技术推动的发展规律。

太阳光泵浦激光器与其他泵浦方式的激光器类似,可以划分为泵浦源、谐振腔与激光工作物质三个基本组成部分。太阳光泵浦固体激光器的独特之处即在于它的泵浦源。太阳光是一种广域、低功率密度的光源,用于泵浦激光工作物质,首先需要采用大口径光学系统对太阳光进行汇聚。大口径望远镜是人们首先想到的太阳光汇聚系统,因此最早的太阳光泵浦激光器均采用卡塞格林望远镜系统汇聚太阳光。由于大口径光学系统制造困难、成本高昂,且汇聚太阳光并不需要成像光学系统中物空间与像空间的点点位置对应关系,因此发展了非成像光学理论,基于其研制出二维和三维复合抛物面聚光器(Compound Parabolic Concentrator,CPC),实验系统中采用了三维 CPC 与二维 CPC 组合聚光系统。但是,伴随着聚光系统越来越复杂,聚光效率呈现出饱和甚至下降趋势。进入 20 世纪 90 年代以来,在空间太阳能电站(Space Solar Power Station,SSPS)需求牵引下,以日本研究人员为代表,开始采用菲涅尔透镜作为太阳光汇聚系统。菲涅尔透镜是一种易于实现大口径、轻便、廉价的光学元件,一般采用有机玻璃类材料或硅胶类材料为基底,通过在其上刻画或复制大量尖楔状同心环条纹制成。目前国内外几个研究组均采用菲涅尔透镜作为第一级太阳光汇聚元件。进一步提高菲涅尔透镜的聚光效率是未来提高太阳光泵浦固体激光器效率的重要研究方向之一。

太阳光泵浦固体激光器的实质是把宽光谱、低功率密度的太阳光转化成为窄光谱、高功率密度的激光。

1.2　太阳光直接泵浦激光器的简要发展历史

太阳光直接泵浦激光器的研究从 20 世纪 60 年代开始,主要经历了三个发展阶段:第一阶段是 20 世纪 60 年代至 70 年代中期,这是太阳光泵浦激光器研究的起步阶段,人们探索用太阳光直接泵浦各类激光介质以实现激光输出。研究人员对固体、气体、液体等各种工作物质进行了大量的理论研究和实验验证,最终在固体激光器上获得了激光输出。这一阶段的太阳光汇聚系统主要由成像光学系统构成。第二阶段是 20 世纪 80 年代到 90 年代初期,这是太阳光直接泵浦激光器发展的重要时期,研究重点是提高激光输出功率、改善光束质量以及应用各种激光技术。这一阶段将非成像光学器件应用于汇聚系统中,大大提高了太阳光的功率密度,使太阳光泵浦的固体激光器的输出达到 500W。复合抛物面聚光器(compound parabolic concentrator)成为该阶段研究的热点。第三阶段是 20 世纪 90 年代中期到目前,研究的重点是提高太阳光到激光的转换效率,力求在较小的太阳光收集面积上获得较高功率的激光输出。从 20 世纪 90 年代中期开始,人们发现,虽然太阳光泵浦固体激光器获得了大功率输出,但整个系统的体积和面积都非常庞大,在以太空为背景的应用场合中,如此庞大的激光器系统将带来很大的困难。提高系统的太阳光到激光的能量转换效率成为人们关注的焦点。用单位太阳辐射面积获得的激光输出功率表示太阳光泵浦激光器的能量转换能力,在大功率输出的太阳光泵浦固体激光器系统中,每平方米太阳辐射面积获得的激光输出从 20 世纪 80~90 年代的小于 1W 发展到现在的 30W。在汇聚系统方面,出现了采用光纤束制成的抛物面型或光锥型第二级聚光器,目的是为了获得更高的太阳光汇聚功率密度。近几年研究人员又将大型菲涅尔透镜作为初级汇聚透镜,大大减小了整个激光器的重量和成本,为太阳光泵浦激光器的实际应用提供了方便。

1.3 太阳光泵浦气体激光器

太阳光泵浦气体激光器的研究始于 20 世纪 70 年代末。1979 年美国国家航空航天局刘易斯研究中心提出了一份报告[6],详细论述了以太阳光为能源的激光器发展状况,在激光输出 1MW 的相同条件下,比较了不同类型激光器的优劣。报告以 10 年左右的时间研制出大功率激光器样机为目标,在该中心原有的气体激光器研究基础上,给出了不同工作物质的气体激光器的详细设计方案。20 世纪 80 年代中期起,美国航空航天局兰利研究中心(NASA Langley Research Center)也开始对太阳光泵浦气体激光器进行研究,其中以碘分子和烷基碘化物的气体激光器为主。

1986 年 De Young 报道了以氙弧光灯太阳模拟器泵浦的准太阳光泵浦烷基碘化物(C_2F_5I)气体激光器的研究结果[7]。当气压为 9Torr(1Torr = 133.322Pa)时,获得 45mJ 的激光输出能量;气压为 14Torr 时,获得 350mW 的平均功率输出。通过理论计算,作者认为该激光器的太阳光阈值泵浦功率是 100 个太阳常数,这是当时太阳光泵浦气体激光器阈值功率的最低水平。该激光器的结构如图 1-1 所示。

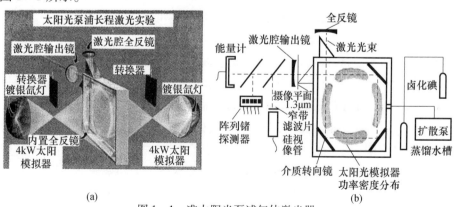

(a)

(b)

图 1-1　准太阳光泵浦气体激光器

(a)实验结构图;(b)激光器侧面示意图。

图中，两个氙弧光灯太阳模拟器从 C_2F_5I 蒸气盒两侧照射工作物质，图1-1(b)中阴影部分为泵浦光强分布。盒内3个反射镜与盒外的反射镜构成环形谐振腔，泵浦光与谐振腔光轴垂直。通过改变盒内工作物质的气压，对激光输出进行调节。

同一年 De Young 还报道了采用上述相同结构的 i-C3F7I 和 n-C4F9I 气体激光[8]，在 7.3kW 输入光功率时获得脉冲能量 73mJ，平均输出功率 525mW，斜率效率 0.074%，最大理论效率 0.2%。

1991年该机构的 H. J. Lee 报道了太阳光泵浦气体激光器的最新结果，采用氙弧灯太阳模拟器泵浦碘分子激光器获得 24W 的激光输出[9]，文章预测高能量太阳光泵浦激光器可能的应用领域包括处理有毒垃圾、光分解水生产氢气、空气/水污染控制等。

此外，以色列的 Weizmann 科学研究所研究了太阳光泵浦可调谐气体激光器，对比研究了 VIA 族 S^{2-}、Se^{2-}、Bi^{2-}、Te^{2-} 元素的金属硫化物，结果表明，含 Te^{2-} 元素的金属硫化物是最适合的太阳光泵浦可调谐气体激光器工作物质[10]。

迄今为止，对太阳光泵浦气体激光器的研究还停留在理论和实验室模拟阶段，还未见在实际太阳光泵浦下获得激光输出的报道。其中原因在于，真实太阳光功率密度低，要达到太阳模拟器所提供的泵浦功率，需要非常大面积的汇聚系统，并能将汇聚的太阳光有效耦合到工作物质中。另外，真实的太阳光线具有很小的发散角，与模拟器发出的光线光路有一定的差别，模拟条件下的汇聚系统在户外真实太阳光泵浦条件下不能完全适用。这些差别大大提高了系统设计和制备的成本与难度。此外，在空间应用中，激光器的体积重量是必须考虑的因素，在这方面气体激光器并不占优势。

1.4 太阳光泵浦固体激光器

太阳光直接泵浦激光器中，成功获得激光输出报道最多的是固体激光器。根据分类方法的不同，对其可以分成以下几种：

（1）按泵浦方式，有端面泵浦和侧面泵浦；

（2）按汇聚太阳光功率方式，有反射式汇聚与透射式汇聚；

（3）按汇聚方案，有成像式汇聚、非成像式汇聚和阵列式混合汇聚。

其中，太阳光汇聚系统是太阳光直接泵浦激光器的关键环节，聚光效果决定激光器能否出光。从汇聚方案的角度对各种太阳光直接泵浦的激光器系统进行归类并分述如下。

1.4.1 成像光学汇聚系统

成像光学器件多级汇聚系统的基本设计思路是以几何成像光学理论为基础,通过组合成像系统将太阳成像于激光工作物质上。

最初的太阳光泵浦固体激光器多采用卡塞格林望远镜结构的汇聚系统,即通过大口径物镜作为第一级汇聚,再由二次曲面型的反射镜将物镜汇聚的太阳光成像于激光工作物质上。由于直射地面的太阳光具有一定的发散角(约为10mrad),经过望远系统后形成具有一定尺寸的太阳像,像差的控制对汇聚的效果影响较大。由于大口径的成像物镜造价昂贵,为控制像差对二次曲面面型要求严格,此类系统的应用受到限制。

1963 年,美国普林斯顿 RCA 实验室的 Z. J. Kiss 等人以放置在 27K 液氦中的 $CaF_2:Dy^{2+}$ 为激光工作物质[2],使用球面反射镜汇聚太阳光作为泵浦源,在 2.36μm 波段处观察到激光输出,这是首次成功的太阳光泵浦激光器实验。

图 1-2 为 1965 年美国光学公司的 C. G. Young 采用的多级聚光系统和激光器。聚光系统第一级是口径 610mm 的抛物面反射镜,双曲面柱镜作为第二级汇聚,对 $\phi 3 \times 30mm$ 的 Nd:YAG 晶体进行侧面泵浦。采用水冷的方式制冷,机械结构采用两维调整机构完成太阳的对准聚焦。该系统获得 1W 的激光输出,太阳光到激光的转换效率为 0.57%[3]。

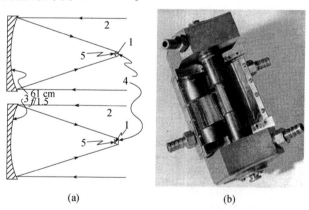

(a) (b)

图 1-2 C. G. Young 聚光系统与激光器

(a)聚光系统;(b)激光器

1—YAG 晶体;2—太阳光;3—抛物镜;4—双曲线型圆柱镜;5—第三级汇聚。

1975 年,美国代顿大学的 J. Falk 等采用类似的结构和汇聚方式,但对激光工作物质和泵浦方式进行了改进。采用直径 600mm 的卡塞格林望远镜进行第一级汇聚,圆锥型透镜作为第二级汇聚,分别对 $\phi 3 \times 30mm$ 的 Nd:YAG 和

Nd: Cr: YAG晶体进行端面泵浦,Nd: YAG 晶体获得4.5W 的激光输出,转换效率3.2% ;Nd: Cr: YAG 双掺晶体获得5W 的激光输出,转换效率为3.6%[11]。

1994 年,美国国家航空航天局刘易斯研究中心提出了一种直接利用太阳光泵浦的半导体激光器。其光能转换效率理论预计高达35% ,远高于一般太阳光直接泵浦固体激光器的效率。同时,半导体激光器的波长可调节,更加有利于将宽波段太阳光转换为与太阳能电池材料匹配的激光波长,更加有利于其在太空能源传输方面的应用[12]。太阳光直接泵浦半导体激光器原理示意图如图 1 – 3 所示。

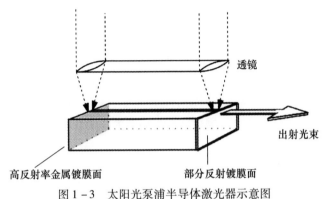

图 1 – 3 太阳光泵浦半导体激光器示意图

1.4.2 非成像光学汇聚系统

非成像光学汇聚系统采用大口径成像物镜为第一级汇聚,第二级采用非成像器件,通过非成像器件对边缘光线的有效利用,提高了汇聚后的功率密度。非成像光学器件的设计基于边缘光线理论,即进入器件的边缘光线都能从器件出射面出射,由于出射光线只需落在出射面范围内而不需成像,故称为非成像器件。

评价非成像器件的重要指标是汇聚比,数值上等于入射面积与出射面积之比,表征器件对光线的汇聚能力。

汇聚比的表达式是 $C_{max} = n^2/\sin^2\theta$,其中,$n$ 为 CPC 材料的折射率,θ 为 CPC 最大接收半角。

典型非成像器件复合抛物面聚光器的设计原理如图 1 – 4 所示。

图 1 – 4 为典型 CPC 子午截面图。根据平行于抛物线主轴入射到抛物线的光线经反射后过抛物线焦点的原理,设计抛物线的主轴与聚光器旋转轴成 θ 角,与旋转轴成 θ 角的光线经抛物线反射后经过抛物线焦点,焦点位置设计成聚光器出口的边缘,将此部分抛物线绕旋转轴旋转 360°形成回旋对称体 CPC,θ 角范

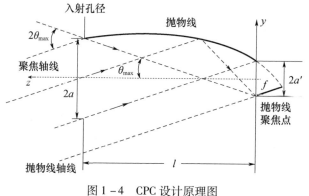

图 1 - 4　CPC 设计原理图

围内的入射光线都能从 CPC 出口射出或被接收体接收,获得理想的汇聚比。

非成像器件的研究从 20 世纪 80 年代后期开始,主要应用是汇聚太阳光。典型的非成像器件有光锥和复合抛物面聚光器,其中 CPC 的汇聚比比光锥高,理论上能达到最大的汇聚比。因此,多将 CPC 作为第二级聚光器,与成像物镜配合使用。

1988 年以色列 Weizmann 科学研究所的 M. Weksler 等采用 CPC 增强太阳光耦合到 Nd: YAG 晶体的能力,对 $\phi6.3 \times 75.6mm$ 的 Nd: YAG 晶体侧泵,获得功率超过 60W 激光输出,激光晶体和谐振腔的截面如图 1 - 5 所示[13]。

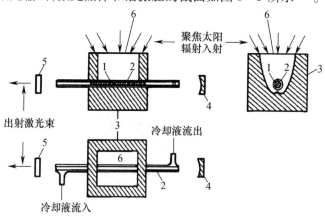

图 1 - 5　谐振腔的截面图

1—激光棒;2—冷却通道;3—复合抛物面聚光器;

4、5—谐振腔镜;6—聚光腔开口孔径。

1988 年,美国芝加哥大学的 P. Gleckman,从聚光器最大汇聚比的热力学计算着手研究,获得了两级非成像式太阳光汇聚系统的热力学极限值,计算能达到的几何汇聚比为 1.02×10^5,实际汇聚比为 6.37×10^4[14]。

Gleckman 设计的两级聚光系统以及泵浦激光器原理图如图 1-6 所示。

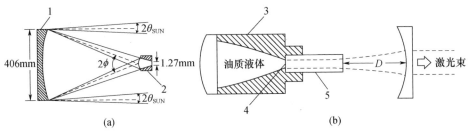

图 1-6　Gleckman 设计的两级汇聚系统及激光器原理图

(a)Gleckman 设计的两级汇聚系统;(b)激光实验装置原理图。

1—第一级汇聚系统;2—第二级汇聚系统;3—镀银层;4—介质镜;5—激光棒。

其中,第一级汇聚系统为口径是 406mm,焦距为 1016mm 的抛物面反射镜系统。由于太阳光发散半角为 4.66mrad,获得 9.8mm 的汇聚光斑,边缘光线角度为 11.5°。

第二级汇聚系统为非成像式折射器,折射器前端是直径为 15mm、焦距为 18mm 的 BK7 玻璃平凸透镜,其折射率为 1.51。后端是入射口径为 9.77mm,出射口径为 1.27mm 的折射腔,为了增大折射率,折射器内充满折射率为 1.53 的油质液体,折射器表面采用镀银工艺。将入射端口放置在第一级汇集系统的焦点处,获得汇聚直径为 1.27mm 的出射光斑。

这种汇聚系统输出的太阳光能量密度高达 44 W/mm^2,相当于 56000 个太阳辐射到地球的太阳光功率密度,汇聚光斑的功率可达 56W。

1990 年,以色列 Weizmann 科学研究所报道了用降低工作温度和相位共轭镜两种方法改善太阳光泵浦固体激光器的光束质量,取得明显效果[15];1992 年该所报道了用于泵浦 500W 固体激光器的复合抛物面聚光器的设计方案[16],其中聚光器模型如图 1-7 所示。

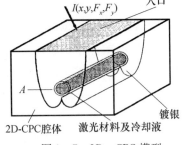

图 1-7　2D-CPC 模型

该所还阐述了非成像光学在太阳光直接泵浦激光器中的应用,并给出了含非成像聚光系统的太阳光直接泵浦激光器模型,如图 1-8 所示。

同是美国芝加哥大学物理系的 Dave Cooke 也采用非成像式的汇聚方案进行了太阳光泵浦 Nd:YAG 激光器的研究。1992 年 Dave Cooke 发表了由非成像光学技术获得的当时汇聚太阳光强的世界纪录 72W/mm^2,采用直径 406mm 镀银

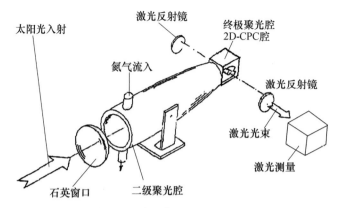

图 1 - 8　非成像聚光系统模型

反射式望远镜作为第一级汇聚,入射口径 9.7mm、出射口径 1.13mm 的蓝宝石 3D – CPC 作为第二级汇聚,如图 1 – 9 所示,对 ϕ1.13mm 的 Nd:Cr:GSGG 晶体端泵,获得 3W 以上的激光输出[16]。

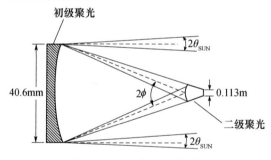

图 1 - 9　两级太阳聚光系统

Dave Cooke 方案与 Weizmann 科学研究所方案的不同之处在于所采用的 CPC 是由高折射率光学材料制成,折射率 1.76 的蓝宝石材料 CPC 的汇聚比比普通 CPC 高 3 倍,更有利于激光器的泵浦。

1997 年 Weizmann 科学研究所提出了充分利用太阳能的一种方案:利用分光器件将激光介质吸收带内的部分光分离出来用于泵浦激光器,其余部分用于太阳能电池储能,减少了激光器的热负荷,同时获得了电能,对空间应用更有利;同年该所采用 $Cr^{4+}:YAG$ 晶体作为被动 Q 开关实现了调 Q 输出,峰值功率密度为 100kW/cm^2[17],激光器系统如图 1 – 10 所示。

2002 年,以色列的 Mordechai Lando 等采用以色列 Rotem 工业集团和 Negev 大学的研究成果,比较了用二级聚光和三级聚光泵浦固体激光器的实验结果。二级聚光系统的第一级是面积 6.75m^2 的反射主镜,用开口 89mm × 98mm 的

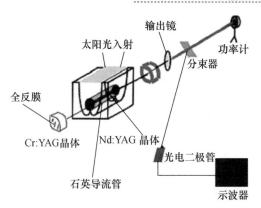

图 1 – 10 被动调 Q 的激光器装置图

2D – CPC进行第二级聚光,对 $\phi10\times130mm$ 的 Nd:YAG 晶体侧泵,获得 46W 的连续 5h 激光输出。第三级聚光系统采用同样的主镜,使用入口直径 98mm、出口直径 24mm 的 3D – CPC 和开口 24mm×33mm 的 2D – CPC 相结合的聚光系统,如图 1 –11所示,对 $\phi6\times72mm$ 的 Nd:YAG 晶体侧泵,获得 45W 的激光输出[18]。

图 1 – 11 3D – CPC 与 2D – CPC 相结合的聚光系统

随着材料的发展,近年来由有机玻璃材料制成的大型菲涅尔透镜作为一种低成本的透镜大量出现。与光学玻璃透镜/反射镜相比,菲涅尔透镜具有重量轻、成本低、制作方便、容易获得大口径、厚度薄等特点,适用于大口径的太阳光汇聚系统,此类透镜开始应用于太阳光直接泵浦固体激光器的研究。

2006 年,东京理工大学的 Shigeaki Uchida 等用 1000mm×1500mm 的菲涅尔透镜汇聚太阳光泵浦 Cr、Nd 离子双掺陶瓷的激光器,陶瓷棒尺寸 $\phi2\times5mm$,汇聚太阳光功率 22W 时,观察到激光输出[19]。激光阈值功率密度 $7.35W/mm^2$。实验装置见图 1 –12。

(a)　　　　　　　　　　　　(b)

图 1 – 12　东京理工大学的菲涅尔透镜汇聚太阳光泵浦固体激光器实验装置
(a)2006 年；(b)2007 年。

　　2007 年该校的 Takshi Yabe 继续发表了他们的研究成果[20]，见图 1 – 12(b)，采用面积 1400 × 1050mm²、焦距 1200mm 的菲涅尔透镜汇聚太阳光，激光工作物质为 Cr: Nd: YAG 陶瓷，尺寸长 100mm，直径 3 ~ 9mm。获得了 24.4W 的激光输出，相当于每平方米面积的太阳辐射能获得 18.7W 的激光输出，能量转换效率为 2.9%。

　　2008 年，该小组采用 2m × 2m、焦距为 2m 特殊设计的菲涅尔透镜汇聚太阳光，泵浦 Cr: Nd: YAG 陶瓷，获得了 80W 的激光输出[21]，见图 1 – 13。相当于每平方米面积的太阳辐射能够获得 20W 的激光输出，能量转换效率达到 4.3%，斜率效率为 7% ~ 9%。

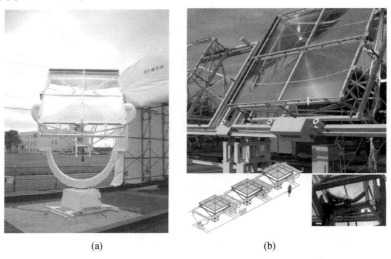

(a)　　　　　　　　　　　　(b)

图 1 – 13　东京理工大学输出激光功率 80W 菲涅尔透镜汇聚
太阳光泵浦固体激光器实验装置(2008 年)

2012 年,该小组同样采用上述 2m×2m、焦距 2m 的菲涅尔透镜汇聚太阳光,改进了第二级锥形腔的冷却系统,采用一种分腔式的水冷设计,利用了冷却水的液体光波导透镜作用以改善泵浦光在激光介质上的分布,激光介质采用 ϕ6mm 的 Nd:YAG 晶体,获得了 120 W 的激光输出,相当于每平方米面积的太阳辐射能够获得 30W 的激光输出[5],这是目前报道的最高效率,相应的斜率效率为 4.3 %。该报道的一个突出特点是,以最成熟的 Nd:YAG 晶体,而不是 Cr:Nd:YAG 陶瓷作为激光工作物质。从两种材料的吸收光谱与太阳光谱的匹配程度来看,Cr:Nd:YAG 陶瓷应该能够获得远高于 Nd:YAG 晶体的能量转换效率,报道中对此现象的解释是,Nd:YAG 晶体相比于 Cr:Nd:YAG 陶瓷,具有更好的光学质量,Nd:YAG 晶体的散射系数小于 Cr:Nd:YAG 陶瓷,因此获得了更高的输出功率。图 1−14 示出了具有液体光波导透镜功能的太阳光泵浦激光器锥形聚光腔示意图。

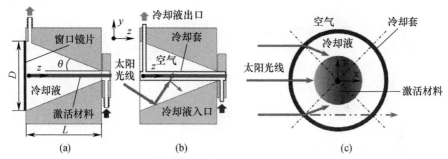

图 1−14　具有液体光波导透镜的太阳光泵浦激光器锥形聚光腔(2012 年)

(a)锥形混合泵浦腔;(b)液体光波导混合泵浦腔;(c)液体光波导透镜的聚光效应。

葡萄牙里斯本新大学的梁大巍教授尝试把全内反射镜引入太阳光泵浦激光器的泵浦系统,以改善输出泵浦能量分布,提高输出激光的光束质量。2007 年,他们在仿真中发现,利用第一级的二维 CPC 聚光器可以把二维阵列二极管发出的泵浦光汇聚到柱形泵浦腔,第二级的二维椭圆腔可以高效地把泵浦光耦合进晶体棒[22]。与 2D−CPC−CPC 腔相比,2D−CPC−EL 在吸收效率和吸收分布方面有重大的改进。图 1−15 为 2D−CPC−EL 泵浦系统示意图。

2008 年,梁大巍提出了一种切除顶端的融石英椭圆腔用于改善太阳光泵浦激光器输出光束质量,获得了更好的 Nd:YAG 棒吸收分布[23]。图 1−16 为切除顶端的融石英椭圆腔的示意图和实物图。

他随后又提出了集合光导椭圆圆柱腔,以改善晶体棒侧面泵浦光分布,从而获得更好的侧面泵浦效果。图 1−17 为集合光导圆柱腔光学系统示意图。

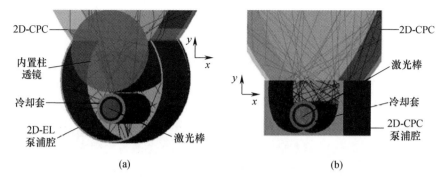

图 1 - 15　2007 年梁大巍设计的 2D - CPC - EL 泵浦系统

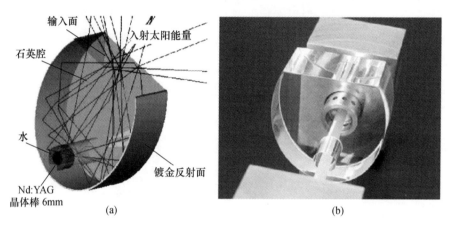

图 1 - 16　2008 年梁大巍设计的融石英椭圆腔结构

（a）示意图；（b）实物图。

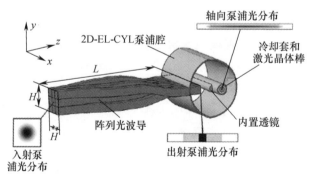

图 1 - 17　集合光导椭圆圆柱腔

2011 年,梁大巍在该结构中引入全内反射镜结构(DTIRC),获得了 12.3W 连续激光输出[24],使用 TracePro 和 Zemax 软件模拟计算了泵浦光分布及激光输出特性。图 1 - 18 为 DTIRC 结构实验原理图。

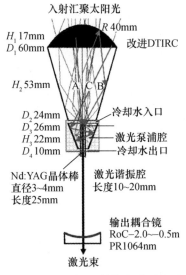

图 1 - 18　DTIRC 结构实验原理图

北京理工大学光电学院研究小组 2005 年起开始太阳光直接泵浦激光器的研究。分析了用于太阳光泵浦激光器的工作物质,设计了激光器系统总体结构,并对菲涅尔透镜的设计方法进行了研究。2008 年 11 月,该小组采用菲涅尔透镜汇聚太阳光直接泵浦 Nd:YAG 晶体,成功获得了激光输出(图 1 - 19)。

(a)　　　　　　　　　　　(b)

图 1 - 19　北京理工大学研制的太阳光泵浦固体激光器和聚光腔

　　2012 年,该小组进一步改进锥形聚光腔的参数设计,并分别采用内表面镀金的镜面反射聚光腔和陶瓷漫反射聚光腔,获得 18W 激光输出。图 1 - 20、图 1 - 21 为项目组实验所用的漫反射聚光腔和镜面反射聚光腔的实物图。

　　2014 年,该小组进一步采用分腔水冷结构锥形聚光腔和螺纹棒,获得了

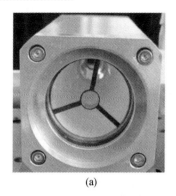

(a)　　　　　　　　　　　　　　(b)

图 1-20　实验所用聚光腔类型(2012 年)

(a)漫反射聚光腔;(b)镜面反射聚光腔。

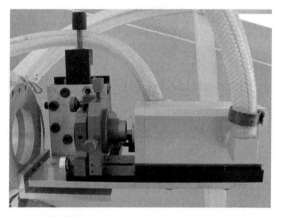

图 1-21　组装完整的太阳光泵浦激光器谐振腔实物图(2012)

33W 的激光输出,折算到每平方米太阳光面积上,收集效率达到 32.1W/m² ,超过了东京理工大学 2012 年报道的 30W/m² 的指标,成为迄今为止获得的最高指标。图 1-22 为分腔水冷结构锥形聚光腔实物图。

图 1-22　镜面反射式分腔水冷结构聚光腔实物图

采用非成像器件多级汇聚方案理论上能获得最大的汇聚比,随着加工设备的进步,通过精密数控设备可以方便地完成二次曲面的成型。因此,非成像器件出现后,在太阳光泵浦固体激光器研究中得到了广泛的应用。但实际的汇聚比还与器件的能量透射率有关,而能量透射率与面型的加工精度、反射面的反射率等有关。此外,还有一些非子午面的斜光线经多次反射后从入射端射出,这些都对能量透射率有影响。因此,实际的汇聚比并没有达到理论上的汇聚比。

1.4.3　阵列式混合汇聚系统

该方式采用多块小面积的平面反射镜组成大面积的阵列,通过调节各反射镜对太阳光的俯仰角度,使太阳光经过每块镜面后反射到指定的区域,整个阵列形成一个大曲率半径的反射面,实现太阳光的汇聚。这类方式可汇聚非常高功率的太阳光,但汇聚的光斑较大,此外还要严格控制各面元俯仰角调节,结构复杂。

1984 年,日本东北大学的 Arashi 等用 181 块镜片构成的直径 10m 的汇聚抛物镜,对 $\phi 4 \times 75mm$ 的 Nd：YAG 棒侧泵,汇聚太阳光功率 55kW,获得 18W 的激光,转换效率为 0.3%；1993 年用同一装置,对 $\phi 10 \times 100mm$ 的 Nd：YAG 棒侧泵,获得 60W 的激光,转换效率为 1.1%,通过调 Q 获得峰值功率超过 100kW、半极大全宽(FWHM)100ns、重复频率 1kHz 的脉冲激光,利用 KTP 晶体倍频,获得了532nm 倍频输出[25]。

以色列的 Weizmann 科学研究所的能源研究中心在太阳光汇聚研究领域具有世界先进水平的实验室。能源研究中心于 1988 年建设了高 54m 的太阳能塔,采用 64 块 11/4mm × 11/4mm 镜片构成 10mm × 10mm 的太阳光反射装置将太阳光反射到塔内 5 个不同的实验室,每个反射镜都能独立跟踪反射太阳光。该所进行的太阳光泵浦激光器实验的泵浦光源均是由太阳能塔提供的。当时研究重点为发展相位控制镜片,为高能量激光器和空间系统间的通信服务。图 1 – 23 为 Weizmann 科学研究所太阳能塔。

图 1 – 23　Weizmann 科学研究所太阳能塔(1)

1995 年，能源研究中心在太阳能塔上增设了一个特殊的光学部件，称为"Beam down"。即在离地面大约 45 m 高的塔身上添加了一个 75 m² 的双曲面反射镜（图 1-24）。通过这个太阳光反射器，可使得大约 1MW 的太阳光被汇聚到地面目标。

图 1-24　Weizmann 科学研究所太阳能塔（2）

（图中新增反射镜工作原理由浅色箭头示出）

1.4.4　太阳能黑体泵浦模型

美国的研究人员提出一种太阳能黑体泵浦模型。该方案将激光工作物质放在太阳能黑体腔中，黑体辐射为激光工作物质提供均匀的泵浦能量，并通过黑体内部的再辐射补偿被工作物质吸收的光谱能量，太阳辐射得到充分利用，用于泵浦激光器具有较高的能量转换效率。该模型的示意图和吸收光谱能量补偿示意图如图 1-25、图 1-26 所示。太阳光通过初级汇聚进入黑体腔中，工作物质放置在腔内，由黑体辐射能进行泵浦。图 1-26 中，1 表示热稳定时，黑体腔内壁辐射能量的光谱分布，经过激光晶体吸收后，辐射能量的光谱分布变成 2，再经过内壁的反射达到热稳定后，辐射能量的光谱分布变成 3，之后再次通过工作物质吸收变成 4。1—4 循环中，只要黑体温度保持不变，1 和 3 的辐射能量的光谱分布就是相同的，这样实现了对吸收的光谱辐射能的补偿。研究人员用电极加热的烤箱模拟上述的太阳能黑体泵浦腔，泵浦 CO_2 同位素气体激光器，成功获得激光输出。他们认为该泵浦方案也可用于泵浦 Nd:YAG 固体激光器。但该方案还属于理论研究阶段，目前未见采用这一方案在太阳光泵浦下获得激光输出的报道。

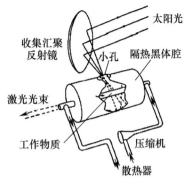

图1-25　黑体辐射循环示意图

图1-26　太阳能黑体泵浦激光器

1.5　太阳光直接泵浦光纤激光器

太阳光直接泵浦光纤激光器作为一种可能获得高能量转换效率和高功率激光输出的技术途径,已经得到研究人员的关注。

与太阳光泵浦棒状工作物质激光器相比,太阳光泵浦光纤激光器具有以下优点:

(1)输出激光方向灵活机动,太阳光直接泵浦的激光器太阳光接收端必须对准太阳,激光输出端方向一般随之固定,而太阳光泵浦的光纤激光器输出方向灵活可变,使用方便。

(2)易于实现功率的级联倍增,当需要功率较大时,可以方便地将多根光纤集成一束,激光功率非相干叠加,功率得到倍增。

(3)方便冷却,光纤激光器具有很大的表面积/体积比,散热面积大大增加,冷却效果明显提高。

(4)光束质量好、功率密度高,光纤增益区直径一般只有几十微米,容易获得基横模输出,相对于棒状介质的固体激光器而言,光纤激光器光束质量好、功率密度高。

1997年,太阳光泵浦光纤激光器被首次提出,之后有研究人员运用碘钨灯泵浦来代替自然太阳光的泵浦演示太阳光泵浦光纤激光器,但自然太阳光与模拟太阳光在光谱上有着明显的区别,特别是在聚光技术方面,模拟太阳光的聚焦更为理想化。

2004年,日本大阪激光技术研究所的 Taku Saiki 等进行了准太阳光泵浦光纤激光器的实验[26]。利用色温5600K闪光灯模拟太阳光,对掺 Nd 离子的 D 型双包层光纤进行泵浦。注入光纤的光功率1.1W 时,获得300mW 的激光输出。

光光转换效率27%。图1-27为实验装置图。闪光灯由抛物面灯罩反射后经过透镜组耦合进光纤。内包层直径1mm,纤芯直径200μm。

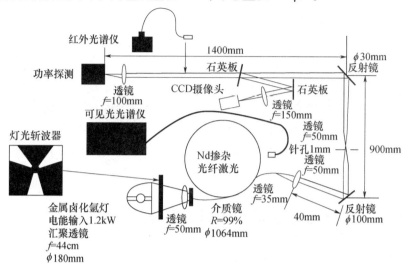

图1-27   准太阳光泵浦光纤激光器装置图

2012年,日本丰田中央研发实验室的 Shintaro Mizuno 等人利用掺杂 Nd 离子氟化物(掺钕氟锆酸盐玻璃)的光纤实现了太阳光泵浦光纤激光器的激光输出[27]。图1-28展示了太阳光泵浦光纤激光器系统的原理图。

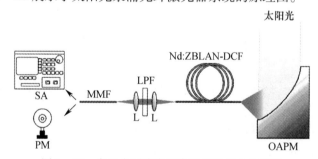

图1-28   太阳光泵浦光纤激光器系统的原理图

Shintaro Mizuno 等人运用一个直径5cm的离轴抛物面镜作为太阳光的反射汇聚系统,聚光比为10^4。太阳光被聚焦耦合入光纤之内,使得部分太阳光进入光纤的芯层。在实验中,他们获得了光谱宽度约为0.01nm、波长为1053.7nm的激光输出。激光发射的阈值功率是49.1mW,斜效率是6.6%,总效率为1.76%。图1-29为其实验所得太阳光泵浦光纤激光器的输入输出特性曲线图。

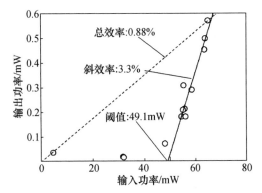

图1-29　太阳光泵浦光纤激光器的输入输出特性曲线图

参考文献

［1］ Maiman T H. Optical and microwave – optical experiments in Ruby［J］. Physical Review Letters,4(11)：564 – 566.

［2］ Kiss Z J,Lewis H R,Duncan R C. Sun pumped continuous optical laser［J］. Appl. Phys. Lett. ,1963,2(5)：93 – 94.

［3］ Young C G. A sun – pumped cw one – watt laser ［J］. Appl. Opt. ,1966,5(6)：993 – 997.

［4］ Krupkin V,Kagan Y,Yogev A. Non imaging optics and solar laser pumping at the Weizmann Institute［J］. SPIE,1993,2016：50 – 60.

［5］ Dinh T H,Ohkubo T,Yabe T,et al. 120 watt continuous wave solar – pumped laser with a liquid light – guide lens and a Nd: YAG rod. Opt. Lett. ,2012,37(13),2670 – 2672.

［6］ Taussig R,Bruzzone C,Quimby D. Design investigation of solar powered lasers for space applications［R］. U. S. A：NASA,1979.

［7］ De Young R J. Beam profile measurement of a solar – pumped iodine laser［J］. Applied Optics,1986,25(21)：3850 – 3854.

［8］ De Young R J. Low – threshold solar – pumped iodine laser［J］. IEEE Journal of Quantum Electronics,1986, QE – 22(7)：1019 – 1023.

［9］ Lee H J. Solar pumped lasers and their applications［R］. Hampton：National Aeronautics and Space Adminis- tration,1991.

［10］ Pe'er I,Vishnevetsky I. Solar pumped dimmer gas laser［J］. SPIE,1999,3781：68 – 78.

［11］ Falk J,Huff L,Taynai J. Solar – pumped, mode – locked, frequency – doubled Nd: YAG laser［J］. IEEE Journal of Quantum Electronics. 1975,11(9)：836 – 837.

［12］ Landis G A. Prospects for solar – pumped semiconductor lasers［C］//OE/LASE94. International Society for Optics and Photonics,1994：58 – 65.

［13］ Weksler M,Shwartz J. Solar – pumped solid – state lasers［J］. IEEE Journal of Quantum Electronics,1988, 24(6)：1222 – 1228.

［14］ Gleckman P. Achievement of ultrahigh solar concentration with potential for effective laser pumping［J］.

Applied Optics,1988,27(21): 5385 -5391.

[15] Bernstein H,Thompson G, Yogev A. Beam quality measurements and improvement in solar pumped laser systems[J]. SPIE,1990,1442: 81 -88.

[16] Cooke D. Sun - pumped lasers:revisiting an old problem with nonimaging optics [J]. Applied Optics,1992, 31(36): 7541 -7546.

[17] Noter Y,Naftali N,Pe'er I,et al. Performance of passive Q - switched,solar - pumped,high power Nd: YAG Lasers[J]. SPIE,1997,3110: 189 -195.

[18] Lando M,Kagan J,Linyekin B,et al. A solar - pumped Nd: YAG laser in the high collection efficiency regime[J]. Optics Communications,2003,222: 371 -381.

[19] Uchida S,Yabe T,Sato Y,et al. Experimental study of solar pumped laser for magnesium - hydrogen energy cycle[J]. AIP Conference Proceedings. 2006,830(2): 439 -446.

[20] Yabe T, Ohkubo T, Uchida S, et al. High - efficiency and economical solar - energy - pumped laser with Fresnel lens and chromium codoped laser medium[J]. Applied Physics Letters,2007,90(26):261120 - 261120 -3.

[21] Yabe T,Bagheri B,Ohkubo T,et al. 100 W - class solar pumped laser for sustainable magnesium - hydrogen energy cycle[J]. Journal of Applied Physics,2008,104(8):083104 -083104 -8.

[22] Liang D,Rui P. Diode pumping of a solid - state laser rod by a two - dimensional CPC - elliptical cavity with intervening optics[J]. Optics Communications,2007,275:104 -115.

[23] João P. Geraldes, Liang D. An alternative solar pumping approach by a light guide assembly elliptical - cylindrical cavity[J]. Solar Energy Materials & Solar Cells,2008,92(8):836 -843.

[24] Liang D,Almeida J. Highly efficient solar - pumped Nd: YAG laser [J]. Optics Express,2011,19(27): 26399 -26405.

[25] Arashi H,Oka Y,Sasahara N,et al. A Solar - pumped cw 18W Nd: YAG laser[J]. Japanese Journal of Applied Physics,1984,23(8): 1051 -1053.

[26] Saiki T,Uchida S S,Imasaki K,et al. Solar - pumped Nd dope multimode - fiber laser with a D - shaped large clad[J]. AIP Conference Proceedings,2004,702:378 -389.

[27] Mizuno S,Ito H,Hasegawa K. Laser emission from a solar - pumped fiber [J]. Optics Express,2012,20 (6):5891 -5895.

第2章
空间与地面的太阳辐射

2.1 空间太阳辐射

太阳是离地球最近的一颗恒星,直径为 $1.39 \times 10^9 \text{m}$,大约是地球直径的109倍;体积为 $1.42 \times 10^{27} \text{m}^3$,大约是地球体积的130万倍;质量是 $1.98 \times 10^{30} \text{kg}$,大约是地球质量的33万多倍,密度为 $1.4 \times 10^3 \text{kg/m}^3$,大约是地球密度的1/4。

太阳的构造复杂,科学家们从太阳光谱中确定,太阳物质中至少包含有60多种元素,其中含量最丰富的元素为氢和氦,前者大约占整个太阳物质的70%以上,后者大约占25%。根据推算估计,太阳每1s向外发射的总辐射功率为 $3.74 \times 10^{26} \text{W}$。

太阳表面的温度大约为6000K,而其内部温度可达 $8 \times 10^6 \sim 4 \times 10^7 \text{K}$。太阳的组成物质主要为氢和氦。在高温高压下,太阳内部持续地进行着热核反应,并不断地以电磁波(即太阳辐射)的形式向宇宙空间发射。尽管只有20亿万分之一的辐射功率到达地球大气层外,但这一数值也高达 $1.73 \times 10^{14} \text{kW}$。太阳电磁辐射谱线极宽,从紫外波段到无线电波都被包含其中。太阳不同波长辐射的能量大小是不同的,其中可见光的辐射能量最大(能量峰值的波长为 $0.45 \mu\text{m}$),接近于6000K的黑体辐射能量。可见光和红外部分的能量占太阳总能量的90%以上[1]。

2.1.1 太阳辐射的光谱分布

太阳辐射是电磁辐射的一种,太阳辐射光谱的主要波长范围为 $0.15 \sim 4\mu\text{m}$,而地面和大气辐射的主要波长范围则为 $3 \sim 20\mu\text{m}$。在气象学中,根据波长的不同,通常把太阳辐射叫做短波辐射,而把地面和大气辐射叫做长波辐射。太阳辐射的光谱可划分为几个波段。波长短于 $0.38\mu\text{m}$ 的波段称为紫外波段,波长从 $0.38\mu\text{m}$ 到 $0.76\mu\text{m}$ 的波段称为可见光波段,而波长长于 $0.76\mu\text{m}$ 的波段则称为红外波段,它还可以细分为近红外(0.76~2.5μm)和远红外(2.5~1000μm)两个波段。在可见光谱的波长范围内,不同波长的电磁辐射导致人眼产生不同的颜色感觉。

用辐射能量作为纵坐标、辐射波长作为横坐标,所绘制的曲线称为太阳光谱的能量分布曲线,如图2-1所示为 ASTM E490-00a 标准文件提供的太阳光谱能量分布曲线[1]。为便于对太阳光谱的直接观察,图2-1所提供曲线略去了较多光谱细节。

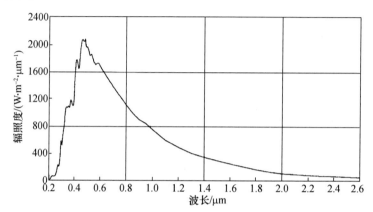

图 2-1　ASTM E490 标准文件提供太阳光谱的能量分布曲线

2.1.2　大气层外的太阳光谱

为凸显近红外波段以内的太阳光谱的谱线细节,我们通过标准文件所提供的光谱数据,绘制了更为细致的太阳光谱能量分布曲线,如图2-2所示。该曲线是大气层外的太阳辐射相对光谱能量分布曲线,即大气质量(AM)为0时的能量分布曲线。

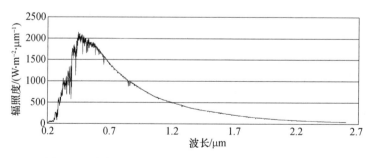

图 2-2　根据 ASTM E490-00a(2006)标准数据绘制的
太阳光谱的能量分布曲线

2.2　地面太阳辐射计算

太阳本身的活动引起太阳辐射能的波动,但是多年的观测结果表明,太阳活动峰值年比太阳活动宁静年的辐射量增大约2.5%。在一般情况下,可认为到达地球大气上界的太阳辐射量是比较稳定的。日地平均距离处垂直于太阳光线的平面上,在单位时间内单位面积上所接收到的太阳辐射能称为"太阳常数",世界气象组织(WMO)的推荐值为 $1367\mathrm{W/m^2}$。

地球以近椭圆轨道绕太阳旋转,公转轨道的存在,使太阳与地球的距离随时间不同而有差异,距离的变化导致到达地球大气上界的太阳辐照度发生了变化,到达地面的太阳辐射能也随之发生变化。

2.2.1　球面天文学基本概念[2]

在天体太阳辐射量计算中,主要涉及地平坐标系和赤道坐标系两种坐标系的转换。

地平坐标系是以观测者为球心,观测者所处的地平面为赤道面的球面坐标系,如图2-3所示。该球面的赤道面称为天文地平。以观测者为中心 O,作天文地平的垂线,与天球交于两点,上交点为天顶 Z,下交点为天底 Y。地平坐标系中的任何一点以高度角 a 和方位角 A 来表示。坐标系中某一点 P 的高度角 a,是从天文地平沿通过 P 点和天顶 Z 的大圆向天顶计量的角距离,向天顶为正(向天底为负)。方位角 A 是从 S 向西沿着天文地平到通过 P 点和 Z 点的大圆与天文地平的交点所度量的角距离。高度角为 a 和方位角为 A 的点的位置矢量表示为

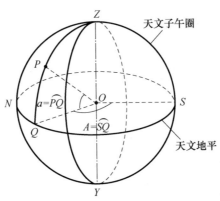

图2-3　地平坐标系

$$I = \begin{bmatrix} cosacosA \\ cosasinA \\ sina \end{bmatrix} \qquad (2-1)$$

赤道坐标系即地球的球面坐标系。如图2-4所示。通过地球中心O,轴为地球自转轴的平面与天球的交线称为天赤道。用北天极N作为天赤道的特定极,选用天赤道和黄道面的交点春分点γ作为特殊点。赤道坐标系的点用赤纬δ和赤经α来表示。坐标系上某一点P的赤纬δ是从天赤道沿着通过P点和北天极N的大圆计量的角距离,向北天极为正。赤经α是从春分点γ向东沿着天赤道到通过P点和N的大圆与天赤道的交点的角距离。赤纬为δ和赤经为α点的位置矢量表示为

$$I = \begin{bmatrix} cos\delta cos\alpha \\ cos\delta sin\alpha \\ sin\delta \end{bmatrix} \qquad (2-2)$$

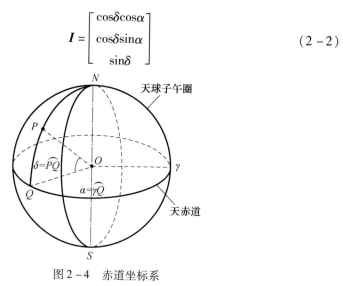

图2-4 赤道坐标系

赤经和时间之间联系紧密,通常用六十进制的时、分、秒计量。两种单位制的联系是根据地球在24h之内旋转360°,因此有$1h = 15°$,$1min = 15'$,$1s = 15''$。从天子午圈与天赤道的交点起,沿天赤道向西正向量度到通过P点和北天极N的大圆与天赤道的交点,所需的时间称为时角h,从子午圈向西计量为正(0h到+12h)。赤经和时角的关系式为

$$h = \tau - \alpha \qquad (2-3)$$

式中:τ为春分点时角。

若已知观测者的天文纬度(Φ)和太阳时(h),从赤道坐标系变换到地平坐标系表示为

$$I = (A,a) = R_2(90° - \Phi)I(h,\delta) \qquad (2-4)$$

或

$$cosacosA = -cos\Phi sin\delta + sin\Phi cos\delta cosh$$
$$cosasinA = cos\delta sinh \qquad (2-5)$$
$$sina = sin\Phi sin\delta + cos\Phi cos\delta cosh$$

2.2.2　太阳辐射计算参数

1. 日地距离

由于地球公转轨道为椭圆,日地距离随日期的变化而不同。日地平均距离 r_0 又称天文单位,1 天文单位 $= 1.496 \times 10^8$ km,准确值 149597890 ± 500km。日地距离的最小值(或称近日点)为 0.983 天文单位,日期约在 1 月 3 日;最大值(或称远日点)为 1.017 天文单位,日期约在 7 月 4 日。地球处于日地平均距离的日期为 4 月 4 日和 10 月 5 日。

日地距离对于任何一年的任何一天都是精确已知的,可用一个数学表达式表述。为避免日地距离用具体长度计量单位表示过于冗长,一般均以其与日地平均距离比值的平方表示,即 $E_R = (r/r_0)^2$,数学表达式为[3]

$$E_R = 1.000423 + 0.032359sin\theta + 0.000086sin2\theta - 0.008349cos\theta + 0.000115cos2\theta \qquad (2-6)$$

式中:θ 称日角,表示为

$$\theta = 2\pi(n - n_0)/365.2422 \qquad (2-7)$$

式中:N 为积日,表示日期在年内的顺序号,N_0 由下式求出

$$N_0 = 79.6764 + 0.2422 \times (年份 - 1985) - INT[(年份 - 1985)/4] \qquad (2-8)$$

2. 太阳赤纬角

地球绕太阳公转的轨道平面称黄道面,地球的自转轴称极轴。极轴与黄道面呈 66.5°角,在公转中始终维持不变。这导致了每日中午时刻太阳高度的不同以及四季的变迁。太阳高度的变化从图 2-5 中可看到。图中日地中心的连

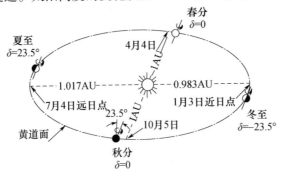

图 2-5　地球绕太阳运行轨迹

线与赤道面间的夹角每时均处在变化之中,这个角度称为太阳赤纬角。它在春分和秋分时刻等于零,在夏至和冬至时刻有极值,分别为±23.45°。

太阳赤纬角在地球公转运动中任何时刻的值严格已知,可用式(2-9)表示,即[3]

$$\delta = 0.3723 + 23.2567\sin\theta + 0.1149\sin2\theta - 0.1712\sin3\theta$$
$$- 0.758\cos\theta + 0.3656\cos2\theta + 0.0201\cos3\theta \tag{2-9}$$

式中:θ的含义与式(2-7)相同。

3. 时差

真实太阳在黄道上的运动并非匀速,而是时快时慢,真太阳日的长短各不相同。实际应用中,假想一个以均匀的速度运行的太阳,这个假想的太阳称为平太阳,其周日的持续时间称平太阳日,由此而来的小时称为平太阳时。

平太阳时S是基本均匀的时间计量系统。由于平太阳是假想的,因而无法实际观测,但可从真太阳时S_0间接求得,反之可由平太阳时来求真太阳时。为此,需要一个差值来表达二者的关系,这个差值就是时差,以E_t表示,即

$$S_0 = S + E_t \tag{2-10}$$

真太阳的周年视运动不均匀,时差随时都在变化,一年当中有4次为零,并有4次达到极大。时差表达式为[3]

$$E_t = 0.0028 - 1.9857\sin\theta + 9.9059\sin2\theta - 7.0924\cos\theta - 0.6882\cos2\theta$$
$$\tag{2-11}$$

4. 太阳高度角

地球上某点的切平面与某时刻此点和太阳连线的夹角称为此时此刻的太阳高度角,即太阳光线与地表水平面之间的夹角,如图2-6所示。a在0°~90°之间变化。太阳高度角越小,等量的太阳辐射能光束所散布的面积越大,地表单位面积上所获得太阳辐射能就越小。

太阳高度角a的计算公式为

$$\sin a = \sin\delta\sin\Phi + \cos\delta\cos\Phi\cos h \tag{2-12}$$

式中:δ为太阳赤纬角;Φ为当地的地理纬度;h为当时的太阳时角。

5. 太阳时角

太阳时角即在赤道坐标系中,从天子午圈与天赤道的交点起,沿天赤道向西正向量度到通过观测者所在点和北天极的大圆与天赤道的交点,地球自转所转过的角度对应的时间。如图2-7所示,以当地真太阳时正午为零度,下午为正,上午为负。

太阳时角的计算式为

$$h = (S_0 + F_0/60 - 12) \times 15° \tag{2-13}$$

式中：S_0 和 F_0 分别表示时和分。

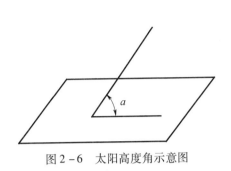

图 2 - 6　太阳高度角示意图

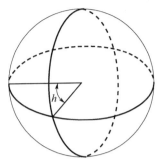

图 2 - 7　太阳时角示意图

2.2.3　太阳辐射量计算

这里所做的计算中,太阳看成近似的点辐射源。由于地球距太阳的距离较地球半径大得多,这种近似是合理的。太阳辐射到达地球表面将经过地球大气层,辐射量因大气吸收和散射等原因产生衰减。为方便说明问题,暂不考虑大气对辐射量的衰减,同时也不考虑天气气候的影响,即所计算的结果是理想的辐射量值。进行理论上的太阳辐射能的计算,可直观地了解北京地区太阳辐射随时间的分布情况。

经过简化后,提出以下的简单数学模型:

一圆形球体绕点辐射源在椭圆形的轨道上旋转,在旋转同时圆形球体也在自转。计算球体上某一点所接收的辐射量。运用的基本定律是辐照度与距离平方反比定律。由于球体绕着椭圆形轨道旋转,轨道不同位置球体与辐射源的距离不同,需要进行距离系数的订正。

1. 小时辐射量计算[4]

对于某一给定日期垂直于太阳光线的表面,从太阳获得的辐照度可以写为

$$E_n = E_{s.c.} (r_0/r)^2 \qquad (2-14)$$

式中：E_n 为太阳常数；$(r_0/r)^2$ 为当天日地距离。

天文地平面上的辐照度为

$$E_0 = E_n \sin a \qquad (2-15)$$

即

$$E_0 = E_{s.c.} (r_0/r)^2 (\sin\delta\sin\Phi + \cos\delta\cos\Phi\cos h) \qquad (2-16)$$

某一时段 $\mathrm{d}t$ 内的接收的辐射量为

$$\mathrm{d}H = E_{s.c.} (r_0/r)^2 \sin a \mathrm{d}t \qquad (2-17)$$

设地球自转速度为 Ω,有

$$\Omega = 2\pi/24 = \mathrm{d}h/\mathrm{d}t \qquad (2-18)$$

则

$$\mathrm{d}t = (12/\pi)\mathrm{d}h$$

这样,式(2-17)可以写成

$$\mathrm{d}H = (12/\pi)E_{\mathrm{s.c.}}(r_0/r)^2 \times (\sin\delta\sin\Phi + \cos\delta\cos\Phi\cos h)\mathrm{d}h \qquad (2-19)$$

考虑距太阳正午第 i 小时的情况,h_i 是该小时中间的太阳时角,该小时内接收的辐射量将有

$$H = (12/\pi)E_{\mathrm{s.c.}}(r_0/r)^2 \cdot \int_{h_i-\pi/24}^{h_i+\pi/24}(\sin\delta\sin\Phi + \cos\delta\cos\Phi\cos h)\mathrm{d}h \qquad (2-20)$$

或

$$H_n = E_{\mathrm{s.c.}}(r_0/r)^2\big[\sin\delta\sin\Phi + (24/\pi)\cdot\sin(\pi/24)\cos\delta\cos\Phi\cos h_i\big] \qquad (2-21)$$

由于 $(24/\pi)\sin(\pi/24) = 0.9972 \approx 1$,将式(2-21)改写为

$$H_n = E_{\mathrm{s.c.}}(r_0/r)^2(\sin\delta\sin\Phi + \cos\delta\cos\Phi\cos h_i) \qquad (2-22)$$

由日出日没时的 $a = 0°$,日出日没时角 h_s 的余弦为

$$\cos h_s = -\sin\delta\sin F/\cos\delta\cos F$$

式(2-22)还可改写成

$$H_n = E_{\mathrm{s.c.}}(r_0/r)^2\cos\delta\cos\Phi(\cos h_i - \cos h_s) \qquad (2-23)$$

2. 日辐射量计算[4]

日辐射量即从日出到日没时段内辐照度的积分值。

$$H_d = \int_{sr}^{ss}E_0\mathrm{d}t = 2\int_0^{ss}E_0\mathrm{d}t \qquad (2-24)$$

将时间 $\mathrm{d}t$ 转换成时角,可得

$$H_d = \frac{24}{\pi}E_{\mathrm{s.c.}}(r_0/r)^2 \cdot \int_0^{h_s}(\sin\delta\sin\Phi + \cos\delta\cos\Phi\cos h)\mathrm{d}h \qquad (2-25)$$

或者

$$H_d = \frac{24}{\pi}E_{\mathrm{s.c.}}(r_0/r)^2\big[(\pi/180)h_s\sin\delta\sin\Phi + \cos\delta\cos\Phi\cos h_s\big] \qquad (2-26)$$

按照(2-23)的方式,可写成

$$H_d = (24/\pi)E_{\mathrm{s.c.}}(r_0/r)^2\sin\delta\sin\Phi\big[(\pi/180)h_s - \tan h_s\big] \qquad (2-27)$$

或者

$$H_d = (24/\pi)E_{\mathrm{s.c.}}(r_0/r)^2\cos\delta\cos\Phi\big[\sin h_s - (\pi/180)h_s\cos h_s\big] \qquad (2-28)$$

式(2-27)和式(2-28)不适用于 $\Phi = 0°$ 或 $\Phi = 90°$ 的情况。

2.2.4 北京地区太阳辐射量分布[5-10]

1. 太阳高度角随日期的分布

由于黄道面的存在,北京地区的太阳高度角随日期时间发生变化,每日最大太阳高度角并非90°。计算北京地区太阳高度角随日期时间的变化,为地面太阳光泵浦激光器系统的太阳自动跟踪器设计提供依据。

北京市区纬度39.9°N,每天太阳高度角正午(12:00)时为最大值,随日期的变化取值不同;日出日落时分为太阳高度角最小值,取0°。根据式(2-7)、式(2-8)、式(2-9)、式(2-12)、式(2-13)计算2008年北京地区每日中午时分太阳高度角随日期的变化图,如图2-8所示。

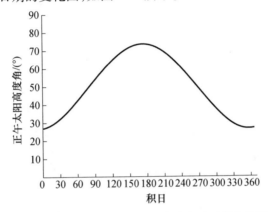

图2-8 2008年北京正午太阳高度角随日期变化图

图2-8中,积日为日期在年内的顺序号,1月1日积日为1,12月31日积日为366(闰年)。2008年一年当中,北京地区最大太阳高度角为73.542°,积日为173,对应于6月21日(夏至);正午太阳高度角最小为26.659°,积日为356,对应于12月21日(冬至)。

2. 北京2008年辐射量分布

1) 北京2008年各月每日辐射量的分布(见图2-9)

2) 北京2008年各月平均日辐射量的分布(见图2-10)

3) 北京2008年每日正午11:00—12:00辐射量分布(见图2-11)

从以上的图中可以看出,北京地区2008一年当中6、7月份的辐射量最强,12月份的辐射量最弱;6月份的日平均辐射量最强,12月份的平均辐射量最弱。夏至(6月21日)前后时间段的正午小时辐射量最强。冬季辐射量较夏季辐射量相差约70%。原因在于冬季太阳高度角变小,同时日照时间也减少。

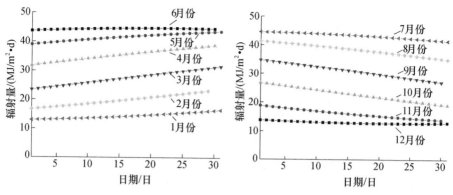

图 2-9　北京 2008 年各月每日辐射量分布

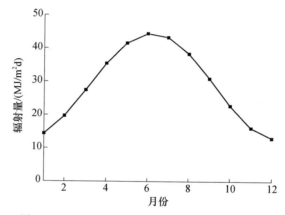

图 2-10　北京 2008 年各月平均日辐射量分布图

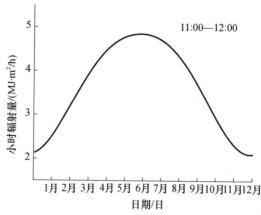

图 2-11　北京 2008 年每日正午 11:00—12:00 辐射量分布

从计算结果可知,夏季是地面太阳光泵浦激光器实验的最佳时期,具体为

6、7 月份,最佳时间段是正午 11:00—12:00。以上计算没有考虑大气对太阳辐射的影响。大气对辐射的散射、吸收等影响到达地面辐射量的具体数值,实验时可用功率计实时测量。

2.3　地面太阳光谱测量

太阳光是一种宽光谱的非相干光,太阳辐射光谱的主要波长范围为 0.15 ~ 4μm。到达地球大气外层的太阳光光谱分布近似于 6000K 的黑体辐射分布。常用的地外标准太阳光谱有 AM0 和 AM1.5 两种,其中,世界气象组织推荐的大气外层太阳光谱分布为 AM0。其分布如图 2 - 12 所示[1]。

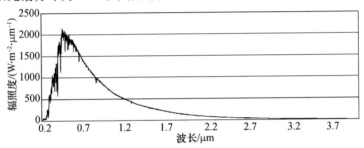

图 2 - 12　大气上层 AM0 标准太阳光谱

太阳辐射进入地球大气层后,受到大气中的水蒸气、气溶胶和灰尘等的散射,同时还被大气中的氧、臭氧、水蒸气和二氧化碳等的吸收。到达地球表面的太阳辐射的强度减弱,太阳光谱的相对能量分布发生相应的变化。

地面的太阳光谱,前人已做过测量研究。由于大气成分对太阳光谱的影响,不同地区测量的太阳光谱不尽相同。我们对北京地区地面太阳光谱进行了测量,以期获得北京地面太阳光谱分布的基本情况,为地面太阳光泵浦激光器实验提供可靠依据。

2.3.1　地面太阳光谱测量方法

光谱测量的基本思路是使用检测仪器,对不同波长段能量的光子进行光电转化,从而得出光谱中各波段所占的比例。我们关心的是各光谱能量准确的相对分布。

美国 Ocean Optics 公司出品的 S2000 微型光纤光谱仪结构小巧,携带方便,通过 USB 接口与计算机连接,依靠计算机供电,无需外接电源,可即插即用。光纤光谱仪入射狭缝 25μm,光栅刻线密度 600lp/mm,闪耀波长 750nm,测量波长范围 450 ~ 1100nm,探测器为 2048 像元线阵 CCD,光谱分辨率为 1nm。测量信号通过一根单芯光纤(NA = 0.22)进入光谱仪,测量结果经过仪器应用软件处理在计算机上实时显示。仪器参数设置为:积分时间3ms,采样平均数100,平滑点数3。图2-13为该仪器实物图。

图2-13　S2000微型光纤光谱仪

对一个光纤光谱仪系统,影响光谱响应的因素有光纤光谱透射率、光栅光谱反射效率、光学元件光谱透射率、探测器光谱响应率等。光谱仪光谱响应的校正应对整个系统进行。可采用经过严格标定过的标准光源(灯)对系统进行校正。

假设标准光源的标定谱为$P_0(\lambda)$,经过系统测量得到的标准光源测量谱为$P(\lambda)$,信号实际光谱为$S_0(\lambda)$,信号测量光谱为$S(\lambda)$,当系统对信号在很宽的光强范围内线性响应时,可认为下式是成立的:

$$\frac{P(\lambda) - D_P(\lambda)}{P_0(\lambda)} = \frac{S(\lambda) - D_S(\lambda)}{S_0(\lambda)} \tag{2-29}$$

式中:$D_P(\lambda)$和$D_S(\lambda)$分别为测量标准光源时和测量信号时系统的暗电流输出噪声。由式(2-29)可得到信号的实际光谱为

$$S_0(\lambda) = \frac{S(\lambda) - D_S(\lambda)}{P(\lambda) - D_0(\lambda)} P_0(\lambda) \tag{2-30}$$

假设系统的光谱响应系数为η,即

$$S_0(\lambda)\eta = S(\lambda) - D_S(\lambda) \tag{2-31}$$

则由式(2-30)和式(2-31)得到光谱响应系数为

$$\eta = \frac{P(\lambda) - D_P(\lambda)}{P_0(\lambda)} \tag{2-32}$$

校正采用的标准光源为中国计量科学研究院研制的光谱辐射照度标准灯,型号为F10,功率1000W,由高稳定度直流稳压电源供电,电压随时间的漂移优于5×10^{-5}V/h。标准灯在工作电流8.5A,点燃15min以后的工作状态下,经过

标定的光谱辐射照度相对分布如图 2-14(a)所示。图 2-14(b)为标准灯处于上述工作状态下,用光谱仪在暗室条件下对其进行测量得到的光谱。由式(2-32)得到系统的光谱响应系数曲线如图 2-14(c)所示。由获得的光谱响应系数曲线即可对测量的太阳光谱进行校正。

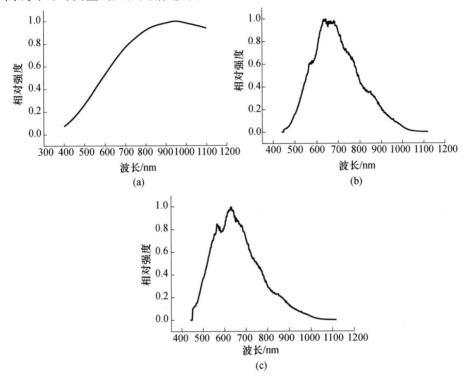

图 2-14　光纤光谱仪系统光谱响应参数处理
(a)标准灯光谱分布;(b)标准灯光谱分布测量值;(c)系统光谱响应参数曲线。

2.3.2　北京地区太阳光谱测量与分析

1. 地面太阳光谱测量及校正

图 2-15 为典型地面太阳光谱图,测量的时间为 2008 年 3 月 30 日 13:00。当时天气晴朗,能见度高,天空呈蔚蓝色。图 2-15(a)为归一化后的太阳光谱与经过校正后的太阳光谱。图 2-15(b)是校正后的太阳光谱与大气外层的 AM0 标准太阳光谱分布的比较,两者光谱分布趋势一致。通过对比大气外层太阳光谱和地面测量的光谱,可以看出大气对太阳光谱的吸收情况。

2. 一天当中太阳光谱峰值波长变化情况

地面的太阳光泵浦激光器实验中,太阳辐射作为泵浦源要求具有一定的稳

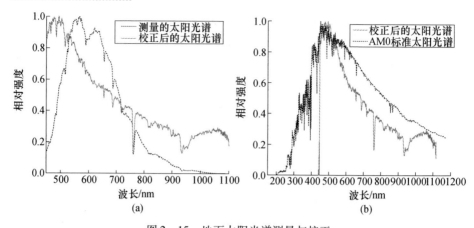

图 2 - 15　地面太阳光谱测量与校正

（a）地面太阳光谱测量值与校正值；（b）校正值与大气上层 AM0 标准太阳光谱。

定度，为此，测量了一天当中太阳光谱峰值波长的变化情况。图 2 - 16 为北京 2008 年 3 月至 4 月一段时间内一天之中不同时刻的太阳光谱分布情况，测量地点为北京理工大学，测量选择晴朗天气进行。

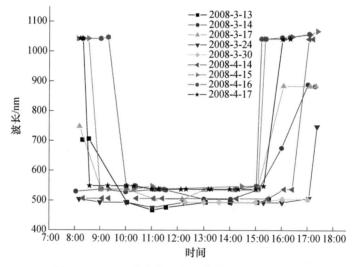

图 2 - 16　一天当中太阳光谱峰值波长变化情况

从结果看，太阳光谱峰值波长在一天之中变化情况是从长波长到短波长再到长波长。一天日照时间内，大部分时间峰值波长处于短波段，范围在 494 ～ 540nm 之间，视当天具体天气情况而定。同时可看出，中午时间段峰值波长最短，在 1 ～ 2h 的时间内比较稳定；早上和傍晚时刻峰值波长移向长波波段。这是由于太阳升起和落下时，太阳光穿过大气层到达地面的路径较长，大气对短波长成分的总衰减大,进入光谱仪的长波段能量较多;中午时刻太阳光穿过大气的路径最短,大气对短波长成分的衰减减小,测量的光谱与大气层外太阳光谱分布差别最小。这与常识中的早晨太阳呈红色,随着太阳的不断升高,太阳颜色由红色逐渐变白色,到太阳落下时太阳又变成红色的现象相符合。

3. 不同位置情况下太阳光谱测量

所测量的太阳光谱是在太阳直接照射的条件下测得,进入光谱仪的太阳光中包含了直射太阳光谱和天空光光谱。为了考察太阳光由不同方向入射到光谱仪对光谱分布的影响,测量了同一方位不同倾角和同一倾角不同方位角情况下的太阳光谱。

在确定的方位(朝向太阳)下,测量了光纤头与竖直方向夹角(天顶角)为 20°,30°,45°,60°,70° 时的太阳光谱,测量时间为 2008 年 4 月 3 日 13∶10,图 2 - 17 为所测光谱。

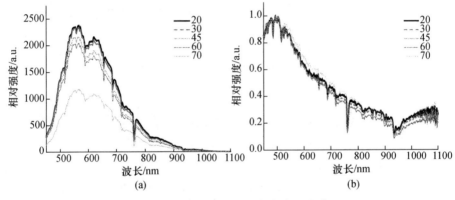

图 2 - 17　同一方位不同倾角太阳光谱
(a)测量光谱曲线;(b)校正后归一化光谱曲线。

图 2 - 17 中,随着倾角的增大,进入光谱仪的太阳光强度减少。不同倾角情况下峰值波长均出现在 494nm 处,经过归一化处理后发现:各曲线在 450 ~ 580nm 波长段重合得很好;波长从 591nm 开始,随着倾角的增大,各曲线中对应的波长强度值相对于峰值波长强度值出现先减少后增加的现象,其中,倾角为 45° 和 60° 两条曲线对应的波长相对强度值较小,其次依次为 30° 曲线、20° 曲线,70° 曲线相对强度值最大。当日 13∶10 的太阳高度角经过计算为 51.66°。可以推断,测量时,光纤头倾斜角度与该时刻太阳高度角一致(太阳直射)时,各波长强度值相对于峰值波长值最小。造成该现象的原因是到达地面的太阳光谱包括了太阳直射的光谱和经过天空散射后的光谱。太阳直射时,进入光谱仪的太阳直射光谱所占比例大,散射光谱对太阳光谱测量的影响最小;随着倾斜角度偏离太阳高度角,进入光谱仪的直

射光谱比例下降,天空光谱比例增加,表现为太阳光谱能量中,591nm 以后的长波段辐射所占比例增大,进入光谱仪的长波能量增加。通过比较太阳直射与非直射时的光谱可以了解大气成分对太阳光谱各波段散射的信息。

考察对于同一倾角不同方位角太阳光谱,测量了在 60° 天顶角情况下,光纤头与水平线由西至东夹角 60°,90°,120°,150°,180° 的太阳光谱,测量时间为 2008 年 4 月 3 日 13:20,所测光谱如图 2-18 所示。

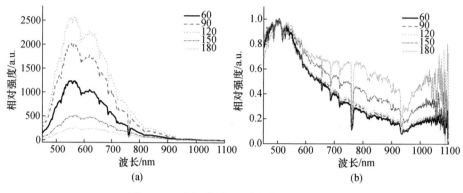

图 2-18　同一倾角不同方位角太阳光谱

(a)测量光谱曲线;(b)校正后归一化光谱曲线。

图 2-18 中,不同方位角情况下,各曲线在短波段光谱重合较好,在长波段差别较大。各曲线中,520nm 波长往后对应的波长强度值相对于峰值波长强度值增大,即随着方位角的变化,太阳光谱中的长波能量所占比例增加。这种现象可以解释为不同方位的太阳光到达地面进入光谱仪的角度不同,直射光谱和天空光谱所占比例不同,长波辐射比例的增加包含了大气成分对太阳光谱各波段散射的信息。

2.4　太阳光跟踪系统

太阳光自动跟踪系统的跟踪性能直接关系到太阳光泵浦系统的稳定性,确保太阳光泵浦固体激光器的正常工作迫切需要一个具备高精度太阳方位探测、高稳定度执行电机调整的太阳光自动跟踪系统。本节主要对目前现有的跟踪方式进行归纳研究,阐述太阳跟踪系统的工作原理,确定跟踪系统设计方案,介绍本项目组设计的太阳光自动跟踪系统。

2.4.1　跟踪控制方式选择

目前,太阳自动跟踪系统中实现跟踪太阳的方法很多,但是基本上可以分为两大类：一类是采用探测器实时地探测太阳对地位置，控制对日角度的被动式跟踪；另一类是根据太阳运动规律计算太阳位置以跟踪太阳的主动式跟踪。其中，前者是闭环的随机系统，后者是开环的程控系统。被动式跟踪的典型代表是压差式跟踪器和光电式跟踪器；主动式跟踪的典型代表是控放式跟踪器、时钟式跟踪器以及基于计算机控制和天文时间控制的视日运动轨迹跟踪器。其中，光电式太阳跟踪和视日运动轨迹跟踪系统是目前较为常用的两种太阳跟踪方式，以下主要针对两种跟踪方式的优缺点进行比较分析。

目前，国内常用的光电式跟踪有重力式、电磁式和电动式。这些光电跟踪装置利用光电类探测器对太阳目前方位进行探测，典型方案就是采用四象限探测器探测太阳是否与探测器的中心同轴，如果同轴就会在四象限探测器获得平衡输出，否则获得不对称输出，这种不对称输出就作为偏差信号，驱动伺服机构调整角度使跟踪装置对准太阳完成跟踪。光电式跟踪器灵敏度高，跟踪精度高，而且结构设计较为简单；但受天气的影响很大，在稍长时间段里出现乌云遮住太阳的情况，太阳辐照度较弱（而散射相对会较强），光电探测器很难响应光线的变化，导致跟踪装置无法对准太阳，甚至会引起执行机构的误动。另外，所选择的光电器件的光电特性参数的均匀性、环境杂散光、布置光电器件的不对称性都会造成跟踪误差。

视日运动轨迹跟踪系统是一种主动式系统，它是通过对太阳运行轨迹理论的分析和研究，确定太阳跟踪器的运动数学模型，然后根据天文算法公式计算每天日出至日落每一时刻的太阳高度角与方位角参数，编写程序控制电机转动以达到跟踪太阳的目的。这种跟踪方法不受外界天气、背景光的干扰，具有较高的可靠性；但是由于太阳位置计算与地理位置（如经度、纬度等）和系统时钟密切相关，因此，跟踪装置的跟踪精度取决于下述两个因素：一是输入信息的准确性，二是跟踪装置参照坐标系与太阳位置坐标系的重合度，即跟踪装置初始安装时要进行水平和指北调整。而且跟踪装置的机械执行机构的精密程度以及跟踪过程中的积累误差（自身不可消除）都会对跟踪精度产生很大的影响。

由上述讨论可知，视日运动轨迹跟踪是开环的程序控制跟踪，其存在很多局限性，主要是在开始运行前需要精确定位，出现误差后不能自动调整等，因此采用程序跟踪方法时，需要定期的手动调整跟踪装置的方向。而光电式跟踪也存在响应慢、精度低、稳定性差、某些情况下出现错误跟踪等缺点。两种跟踪方法在功能上具有很强的互补性，如果将两种跟踪方法结合使用，既可最大限度地避免外界的干扰，又可修正理论计算中的误差，提高自动跟踪装置的可靠性和跟踪精度，从而获得较为满意的跟踪结果。

2.4.2 系统工作原理

采用光电式跟踪和视日运动轨迹跟踪相结合的跟踪方案,设计了太阳光自动跟踪系统,以下就分别介绍两种跟踪方式的工作原理。

1. 光电式跟踪

光电式跟踪的原理是:太阳位置发生变化时,太阳光照强度的变化引起光电转换器输出电信号的改变,这一改变经分析、判断、处理,然后得到一个差值信号用以驱动直流电机运转以改变跟踪器位置,使光电转换器重新达到平衡,如此往复。这里以四象限探测器为例,论述光电式跟踪器的工作原理。

四象限探测器是把四个性能相同的光电传感器按照直角坐标系的要求排列成四个象限做在同一个芯片上,中间由十字形沟道隔开,其结构示意图如图2-19所示。它是通过测量来自太阳光汇聚后的光斑质心的位置变化,并借助一定的算法来同时确定光斑两个方向上的偏移量。光斑分为 Ⅰ、Ⅱ、Ⅲ、Ⅳ 四个部分,太阳光照射时,对应的四个象限产生的阻抗电流分别为 I_1、I_2、I_3、I_4,由 $I_1 + I_4$ 与 $I_2 + I_3$ 的差值可以确定横向偏移量,由 $I_1 + I_2$ 与 $I_3 + I_4$ 的差值可以确定纵向偏移量。当光斑中心与四象限探测器中心一致(即跟踪装置正对太阳)时,四象限探测器产生的阻抗电流 I_1、I_2、I_3、I_4 都相等,横向和纵向输出平衡信号,即四象限探测器没有输出,此时跟踪器不产生动作;否则,四象限探测器输出差值信号,驱动步进电机转动。

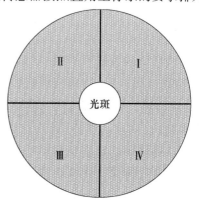

图2-19　四象限探测器结构示意图

2. 视日运动轨迹跟踪

视日运动轨迹跟踪是基于对太阳高度角和方位角的计算而进行跟踪的,在太阳角度跟踪模式下,系统获得精度很高的地理经纬度和当地时间,控制系统会按照太阳的地平坐标公式自动运算太阳的高度角和方位角,然后控制系统根据太阳轨迹每分钟的角度变化发送驱动信号,实现跟踪装置两维转动的角度和方向变化。其中,太阳高度角指从太阳中心直射到当地的光线与当地水平面的夹角,其值在0°到90°之间变化;太阳方位角指太阳光线在地平面上的投影与当地子午线的夹角,方位角以正南方向为零,由南向东为负,由南向西为正。为了计算太阳高度角和方位角,首先必须了解以下参数的含义和表达式。

设一年 365 天对应区间为 $[0,\pi]$，取日角 $\theta=2\pi(d_n-1)/365$，d_n 为年的日序，如 1 月 1 日取为 1，12 月 31 日取为 365。太阳赤纬角 δ 在地球公转运动中任何时刻的值严格已知，可用式（2-33）表示。

$$\delta = 0.3723 + 23.2567\sin\theta + 0.1149\sin2\theta - 0.1712\sin3\theta$$
$$- 0.758\cos\theta + 0.3656\cos2\theta + 0.0201\cos3\theta \qquad (2-33)$$

太阳赤纬角 δ 的角度表示为

$$\delta = 23.5\sin\frac{360(284+d_n)}{365}$$

太阳时角 $\omega =$ 真太阳时（小时）$\times 15 - 180$

式中：ω 单位为度（°）；15 表示每小时相当于 15° 时角。

时差：实际太阳在黄道上的运动不是均匀的，时快时慢，因此真太阳日的长短各不相同，但人们的实际生活需要一种均匀不变的时间单位，这就要寻找一个假想的太阳，它匀速运行，这个假想的太阳称为平太阳，其周日的持续时间称为平太阳日，由此而来的小时称为平太阳时。

真太阳时 = 地方平时 + 时差 = 北京时间 +（当地经度 - 120）$\times 4 \div 60 +$ 时差

$$时差 = 0.000075 + 0.001868\cos\theta - 0.032077\sin\theta - 0.014615\cos2\theta$$
$$- 0.040849\sin2\theta$$

设太阳高度角和方位角分别为 α 和 A，地理纬度为 φ。太阳高度角和方位角的计算公式为

$$\begin{cases} \sin\alpha = \sin\varphi\sin\delta + \cos\varphi\cos\delta\cos\omega \\ \sin A = \cos\delta\sin\omega/\cos\alpha \\ \cos A = (\sin\alpha\sin\varphi - \sin\delta)/\cos\alpha\cos\varphi \end{cases} \qquad (2-34)$$

通过以上对太阳高度角、太阳方位角以及有关公式的介绍，我们了解到，只要当地经度、纬度、时间确定了，就能计算出相应高度角和方位角的值，进而确定太阳的位置。根据两种跟踪方式功能上的互补性，设计结合光电跟踪及视日运动轨迹跟踪于一体的闭环控制系统，以实现跟踪装置对太阳的精确跟踪，两种跟踪方式在系统中的关系如图 2-20 所示。

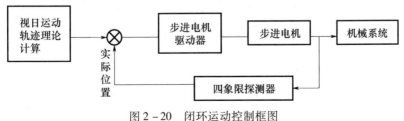

图 2-20 闭环运动控制框图

2.4.3 系统设计方案

通过以上对跟踪系统控制方式以及工作原理的研究,下面给出一种基于光电跟踪及视日运动轨迹跟踪相结合的太阳自动跟踪系统设计方案,其总体设计结构如图 2-21 所示。

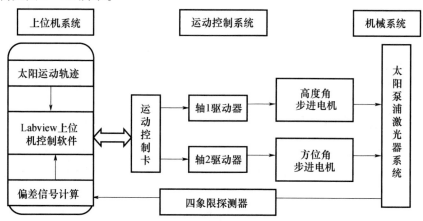

图 2-21 太阳自动跟踪系统总体设计结构框图

双轴太阳自动跟踪系统主要由上位机系统、运动控制系统、机械系统三部分组成,其中运动控制系统主要由步进电机、电机驱动器、四象限探测器、运动控制卡以及 Labview 控制软件构成。本系统设计应满足如下要求:

(1) 通过 GPS 读取当前时间、当地经度和纬度,由软件准确计算出当前的太阳方位角和高度角并确定步进电机运行步数,控制步进电机驱动器驱动步进电机运行,从而保证整个激光器系统能稳定地跟踪太阳。

(2) 在视日运动轨迹跟踪的基础上,使用四象限探测器对视日跟踪结果进行测量,若太阳光没有正入射激光器汇聚系统上,则四象限探测器会产生偏差信号,控制步进电机驱动器再次驱动步进电机直至偏差信号减小至允许的误差精度范围内。在此跟踪系统运行过程中,以程序控制为主,四象限探测器作为反馈,对程序跟踪产生的累计误差进行修正,以实现更为精确的跟踪。

(3) 为了满足各种运动控制系统在系统操作和系统开发上的需要,提供完整的操作环境、开发环境,我们利用 Labview 开发应用程序的优越性,编写程序实现对步进电机的精确控制。

(4) 执行机构选用步进电机驱动,并采用步进电机细分驱动技术,减小步进电机的步距角,提高电机运行的平稳性,增加控制的灵活性。

太阳自动跟踪系统的控制程序主要包括太阳位置计算程序、探测器偏差信号转换控制程序以及系统运动控制程序。系统控制程序流程图如图 2 – 22 所示。

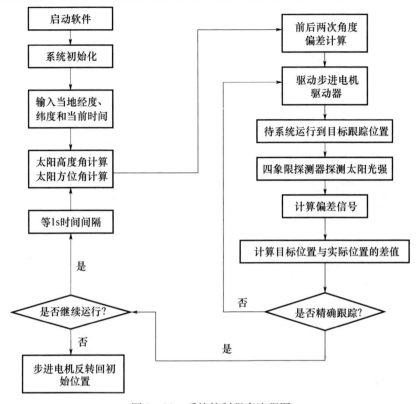

图 2 – 22　系统控制程序流程图

2.4.4　系统参数与测试

1. 硬件电路的制作

经过分析和比较,设计了基于四象限硅光电池的光电传感器;选用 OP37 芯片完成了运算放大电路的设计;选用 AT89S52 单片机作为控制芯片、ADC0809 作为模数转换芯片,完成了信号的采集与处理;并且利用 LCD1602 作为显示驱动芯片,结合单片机完成了太阳光功率密度监测系统;选用"森创"两相混合式步进电机细分驱动器 SH – 20402A 作为步进电机驱动器,以此为基础结合单片机的信号输出端组成了步进电机驱动模块。最后制作 PCB 板和焊接元件,组装完成了高精度跟踪系统的硬件电路。

本系统的硬件电路核心部件为光电传感器,光电传感器的实际电路如图 2 – 23所示,四个普通光电池对称排列,和中心四象限光电池之间的距离相等,并可通过接口将信号送往运算放大模块。

信号采集与处理模块,可以分为四个子模块:运算放大子模块、A/D 转换子模块、单片机处理与外围电路子模块、显示子模块,如图 2 – 24 所示。

 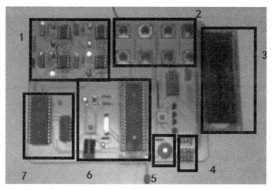

图 2 – 23　光电探测电路　　　　　　图 2 – 24　主控电路板

图 2 – 24 中,区域 1 为 4 路运算放大器电路;区域 2 是 4×2 按键电路;区域 3 是 LCD1602 显示模块;区域 4 为拨码开关电路;区域 5 为蜂鸣器模块;区域 6 是单片机及其外围电路和 5V 电源接口;区域 7 是 A/D 转换电路。

结合太阳光泵浦激光器的实际需求,为了得到高精度的跟踪系统,选择光筒式结构作为本传感器的精确感应部件。其外壳设计如图 2 – 25 所示。

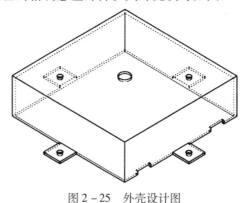

图 2 – 25　外壳设计图

内部示意图如图 2 – 26 所示,外壳边长约为 70mm,壳厚为 1.5mm,开口直径为 6mm,开孔距离硅光电池表面的竖直距离为 10mm。

装配外壳后的传感器如图 2 – 27 所示,为防止杂光干扰,外壳底部完全贴紧电路板,仅在一条边的边缘开了两个高为 2mm 的孔用于电路的接线,外壳表面经过处理,消除了镜面反射,但还是存在漫反射,所以会有微量的背景光存在,背景光强弱决定了传感器的误差和阈值大小。

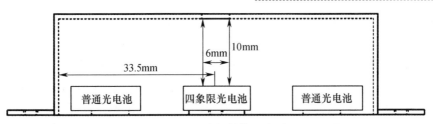

图 2 - 26　内部结构示意图

图 2 - 27　装配完成的传感器

另外,在传感器与固定板之间加入一个二维微调机构。如图 2 - 28 所示,可以通过它调节传感器与固定板之间的角度关系,从而确保了传感器的光轴与太阳光聚光系统的光轴平行,同时也保证了系统跟踪的精确性。

图 2 - 28　二维微调机构

2. 跟踪性能测试

作为太阳光泵浦固体激光器的保障系统,系统运行必须达到太阳光泵浦激光器的实验要求,这个要求就是确保在太阳方位不断改变的情况下,汇聚后的泵浦光与激光工作物质之间保持良好的匹配,为太阳光泵浦固体激光器的激光输出提供保障。

太阳光泵浦激光器的一次实验运行的时间一般不超过30min,因此实验测试的时间设定为30min,首先目测光斑位置,手动调整平台粗略对准太阳;然后给系统上电,运行精确跟踪程序。在这个过程可以根据需要调节跟踪速度和跟踪方式。图2-29和图2-30是一组系统跟踪过程中聚光腔窗口汇聚太阳光方位和俯仰变化实际拍摄图。

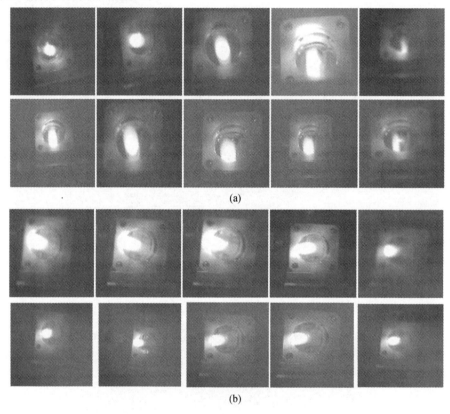

图2-29 聚光腔窗口汇聚太阳光变化

(a)方位;(b)俯仰。

光斑与工作物质端面中心距离随时间变化图,如图2-30所示。可以从图中看出,系统刚开始运行的时候,两者中心距离较大,水平距离达到了5mm,竖直距离达到了4mm。随着运行时间的增加,两者中心距离逐渐减小,最后趋于稳定,在±1.5mm范围内来回摆动。这表明,跟踪基本成功,跟踪精度达到了太阳光泵浦激光器的出光要求。

通常,太阳跟踪系统的跟踪性能也可以用偏差角度来描述。在本系统中,偏差角度可以用太阳光线与菲涅尔透镜法线夹角 θ 来表示,如图2-31所示。

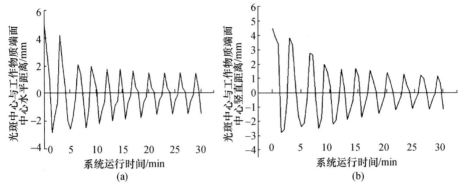

图 2 - 30　系统运行 30min 光斑位置曲线

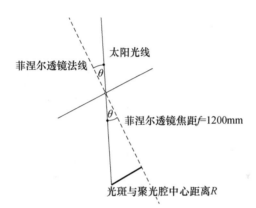

图 2 - 31　偏差角度与偏差距离几何关系图

从图中可以看出,通过菲涅尔透镜的焦距 f 和光斑与聚光腔中心的距离 R 可以算出偏差角度 θ。

$$\theta = \arctan(R/f) = \arctan(1.5/1200) \approx 0.07° \qquad (2-35)$$

这表明,系统的跟踪精度达到了 0.07°,保证了太阳光泵浦激光器的正常工作,达到了预期目的。

参考文献

[1] ASTM. Standard solar constant and zero air mass solar spectral irradiance tables [S]. Standard E490 - 00a. 2006, American Society for Testing and Materials, West Conshohocken, PA.

[2] 塔夫. 计算球面天文学 [M]. 北京:科学出版社,1992.

[3] 王炳忠. 太阳辐射计算讲座 第一讲 太阳能中天文参数的计算 [J]. 太阳能,1999(2):8 - 10.

[4] 王炳忠. 太阳辐射计算讲座 第三讲 地外水平面辐射量的计算 [J]. 太阳能,1999(4):12 - 13.

［5］车念曾,阎达远. 辐射度学和光度学［M］. 北京:北京理工大学出版社,1990.

［6］赵晓艳,龚敏. 成都地区天空光光谱的测量与分析［J］. 光散射学报,2007,19(2):202 - 205.

［7］曹婷婷,罗时荣,赵晓燕. 太阳直射光谱和天空光谱的测量与分析［J］. 物理学报,2007,56(9): 5554 - 5557.

［8］杨希峰,刘涛,赵友博. 太阳光和天空光的光谱测量分析［J］. 南开大学学报(自然科学版),2004,37 (4):69 - 74.

［9］刁丽军,顾松山. 北京地面紫外辐射光谱的观测与分析［J］. 气象科学,2003,23(1):23 - 29.

［10］左浩毅,高洁,程娟. 太阳光谱方法测量成都地区大气二氧化氮浓度［J］. 光谱学与光谱分析,2006, 26 (7):1356 - 1359.

第3章
太阳光直接泵浦激光器理论模型

从太阳光泵浦激光器的概念提出发展至今,对太阳光泵浦激光器的理论分析一直未得到充分的重视,相关的研究较少。本章从激光器基本理论着手,将一般的激光器理论与太阳光泵浦激光器相结合,建立了太阳光泵浦激光器的理论模型,并对输出功率、阈值功率、最佳透过率等进行分析,建立了太阳光泵浦固体激光器的热效应理论模型,运用有限元分析方法求解出太阳光泵浦固体激光器的温度分布,讨论了热效应引起的透镜效应及含热透镜的谐振腔设计。

3.1 激光振荡的基本理论

激光器的运转取决于具有特定能级的材料,而电子跃迁就发生在这些能级之间。通常,这些能级是由于基质晶体中的杂质引起的。在实际使用的激光系统中,泵浦和激光过程通常都涉及很多能级,在这些能级中发生很多复杂的激励和串级弛豫过程。通过常见的三能级或四能级简图(图 3 - 1、图 3 - 2)就能理解激光机制的主要特性[1]。

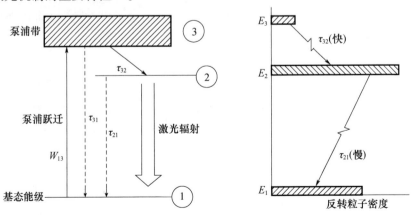

图 3 - 1 三能级激光器能级简图

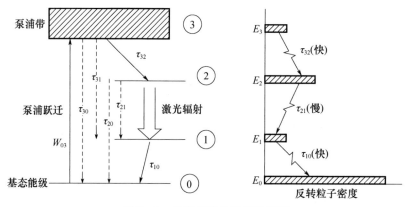

图 3 - 2　四能级激光器能级简图

对于三能级激光器，最初激光材料内所有原子中的电子都处于最低能级 E_1，当这些材料在某些特定频率的辐射激励下，能级 E_1 的电子吸收辐射跃迁到宽带能级 E_3。这样，泵浦光使原子中的电子从基能级跃迁到泵浦能级。快速的无辐射跃迁将绝大多数受激原子中的电子转移到中间的窄能级 E_2。在这一过程中，电子丧失的能量转移到晶格。最后，电子发射出一个光子而返回到基能级。普通的荧光作用就是能级 E_2 中的粒子数的消耗。当泵浦辐射停止后，能级 E_2 以一定的速率发出荧光，直至粒子数耗尽。当泵浦强度超过阈值时，荧光能级的衰变就包括受激辐射和自发辐射，受激辐射产生激光输出。

一般来说，在三能级激光器中，从最高能级向产生激光作用能级的无辐射跃迁速率必须要快于其他的自发跃迁速率，因此 E_2 能态的寿命要长于 $E_3 \rightarrow E_2$ 跃迁的弛豫时间，即

$$\tau_{21} \gg \tau_{32} \qquad (3-1)$$

于是，与其他两个能态中的原子数相比，E_3 能级的原子数 N_3 可以忽略不计，即 $N_3 \ll N_1 \& N_2$，因此

$$N_1 + N_2 \approx N_{\text{tot}} \qquad (3-2)$$

在三能级系统中有一个重要方面，即原子实际上从能级 E_1 直接泵浦到亚稳态能级 E_2，它在能级 E_3 只有短暂的停留时间。为了从 E_2 和 E_1 两个能级中获得相同的粒子数，必须将一半的原子激励到 E_2 能级：

$$N_1 = N_2 = \frac{N_{\text{tot}}}{2} \qquad (3-3)$$

为了维持特定的放大，第二能级中的粒子数一定要大于第一能级中的。这样就凸显了三能级系统的缺点：基态中一半以上的原子必须上升到亚稳态能级 E_2 中，这样就有很多原子形成自发辐射，对激光输出无益。

对于四能级激光器,泵浦使粒子从基态 E_0 跃迁到宽吸收带 E_3,如同在三能级系统中一样,受激原子快速进入窄能级 E_2,然而现在,激光跃迁出现在 E_2 能级到能级 E_1 之间,能级 E_1 即是基态能级 E_0 之上的终端能级 E_1。原子从这里快速无辐射跃迁回到基态能级。在真正的四能级系统中,终端能级 E_1 是空的。这样就避免了三能级激光材料的缺陷:激光跃迁发生于受激励的能级 E_2 和终端基态 E_1 之间,基态 E_1 为系统的最低能级,这样会导致效率降低。

作为合格的四能级系统,其材料的终端激光能级和基态能级之间的弛豫时间必须明显短于荧光寿命,即 $\tau_{10} \ll \tau_{21}$。另外,终端激光能级必须远在基态能级之上,这样它的热粒子数就很少。终端激光能级 E_1 的平衡粒子数取决于下式:

$$\frac{N_1}{N_0} = \exp\frac{-\Delta E}{kT} \qquad (3-4)$$

式中:ΔE 为能级 E_1 与基态之间的能量差;T 为激光材料的工作温度。如果 $\Delta E \gg kT$,则 $N_1/N_0 \ll 1$,而终端能级总是相对较空。在低能级系统中,即使泵浦功率接近于 0,也会出现 $E_2 \to E_1$ 跃迁的反转,这一点也优于三能级系统。

3.1.1　激光器振荡的阈值条件

一般所称的激光器实际上是激光振荡器,即激光振荡源于自发辐射的受激放大作用。泵浦光使激光工作物质的粒子数发生反转,并将能量存储于激光上能级,在激光器轴向上的一些自发辐射光子的激励下,激光工作物质发生受激辐射,入射光子数得到放大,激光谐振腔为放大过程提供光学反馈并限制振荡模式,如果反馈系数足够大,足以弥补其内部损耗,就开始形成振荡。

以最简单的固体激光器为例,激光器由反射率分别为 R_1、R_2 的反射镜,以及长度为 l 的工作物质构成。假设在反转的激光材料中单位长度的增益系数为 g,则辐射每次通过工作物质时光强度就被放大到 $\exp(gl)$ 倍,而每次被反射时,都要损耗 $1 - R_1$ 及 $1 - R_2$ 的能量。建立阈值条件的要求是:光辐射经过激光材料经反射镜 R_2 反射后,再次通过激光材料被输出镜 R_1 反射,所得的辐射光子密度等于初始的辐射光子密度。谐振腔内存在各种损耗而引起光束的衰减,最主要的是谐振腔中各种光学元件引起的反射、散射和吸收损耗以及衍射损耗等。为了方便计算,我们将所有与激光增益介质长度成正比的损耗(如吸收和体散射等)用吸收系数 α 来表示。因此,振荡的阈值条件为

$$R_1 R_2 \exp[(g-\alpha)2l] = 1 \qquad (3-5)$$

即

$$2gl = -\ln R_1 R_2 + 2\alpha l \qquad (3-6)$$

其他不与增益介质长度成正比的损耗,如反射镜的吸收、散射和谐振腔的衍

射损耗等看作是由全反镜引起的,因此,全反镜的反射率 R_2 变为 $R_2 = 1 - \delta_M$ 就考虑了这些损耗,实际上 δ_M 的值不会超过百分之几,因此可近似为

$$\ln(1 - \delta_M) \approx -\delta_M \qquad (3-7)$$

将谐振腔内的光学损耗和晶体损耗综合,则有

$$\delta = 2\alpha l + \delta_M \qquad (3-8)$$

式中: δ 为谐振腔内的往返损耗。

将式(3-7)和式(3-8)代入式(3-6),则可用下式表示阈值条件:

$$2gl = \delta - \ln R_1 \approx T + \delta \qquad (3-9)$$

式中: $T = 1 - R_1$ 为输出镜的透过率。

通过对速率方程的分析可以求出阈值反转粒子数密度,进而求得小信号增益系数。

选取的 Nd:YAG 激光器为四能级系统,因此仅对四能级系统的速率方程进行分析。

四能级系统速率方程[2]:

$$\frac{dn}{dt} = W_p(n_0 - n) - cn\phi\sigma - \frac{n}{\tau_f} \qquad (3-10)$$

$$\frac{d\phi}{dt} = cn\phi\sigma - \frac{\phi}{\tau_c} + S \qquad (3-11)$$

式中: W_p 为泵浦速率(s^{-1}); n_0 为基态的粒子数密度; n 为反转粒子数密度,由于 $n \ll n_0$,所以 $n_{tot} = n + n_2 \approx n_0$; c 为真空中的光速; σ 为受激发射截面; τ_f 为上能级寿命; ϕ 为谐振腔内光子密度; τ_c 为光学谐振腔内光子的衰减时间; S 为自发辐射叠加到受激辐射的速率。

其中, $W_p = \eta_Q W_{03}$,量子效率 η_Q 为激活原子数与吸收泵浦光子数的比,这是由于上激光能级吸收的某些泵浦光子不会对原子产生激活作用,有的衰变到不含上激光能级的多重态,而另外一些则通过无辐射跃迁衰落到基态。

谐振腔内光子衰减时间常量 τ_c 是由光子的散射、吸收或透射所决定的。因为 τ_c 表征了谐振腔内光子的平均寿命,可表示为光子在谐振腔内的往返时间 t_r 和每次往返的相对损耗 ε 之比,则有

$$\tau_c = \frac{t_r}{\varepsilon} = \frac{2L'}{c(T + \delta)} \qquad (3-12)$$

式中: $\varepsilon = T + \delta$; L' 表示谐振腔的光学长度, $L' = L + (n-1)l$, L 为谐振腔长度, n 为激光增益介质基质折射率, l 为增益介质长度。

我们回到速率方程,该方程给出了增益介质内的光子密度。考虑到谐振腔的长度 L 往往大于工作物质的长度 l ,因此对式(3-11)表示的光子数密度方程

进行修正,修正方程如下:

$$\frac{d\phi}{dt} = c\phi\sigma n \frac{l}{L} - \frac{\phi}{\tau_c} + S \qquad (3-13)$$

从该方程可清楚看出,在激光辐射开始时,光子密度的变化速率必须大于或等于 0。因此,激光持续振荡的阈值条件必须满足

$$\frac{d\phi}{dt} \geqslant 0$$

可求得阈值时所需要的反转粒子数密度:

$$n \geqslant n_{th} = \frac{L'}{c\sigma\tau_c l} \qquad (3-14)$$

在推导此方程时,忽略了因子 S,这是因为自发辐射对受激辐射的贡献很小。

3.1.2 阈值泵浦速率

我们将计算振荡器维持阈值工作所需要的泵浦速率 W_p。振荡器以阈值或接近阈值工作时,光子密度 ϕ 非常小,可以忽略不计。令速率方程(3-10)中的 $\phi = 0$,并且假设稳态的粒子数反转条件为 $dn/dt = 0$,对四能级系统有

$$\frac{n}{n_0} = W_p \tau_f \qquad (3-15)$$

对于四能级系统,反转粒子数 n 与总粒子数相比很小,因此,基态能级的粒子数密度 n_0 可以看作是常数,则反转粒子数 n 与泵浦速率 W_p 或者泵浦辐射密度成正比。

式(3-15)成立的前提是忽略光子通量 ϕ,激光器仅在阈值工作时发生这种情况,称为小信号增益放大。现在来计算为了维持阈值条件,工作物质泵浦带内必须吸收的最小泵浦功率。因为在阈值附近,激活材料内几乎所有的泵浦能量都变为自发辐射,所以首先应计算出阈值时的荧光功率。四能级系统中单位体积激光跃迁的荧光功率为

$$\frac{P_f}{V} = \frac{h\nu_L n_{th}}{\tau_f} \qquad (3-16)$$

为了维持阈值粒子数反转,必须由泵浦能量补充上激光能级的荧光损耗。因此,在四能级系统中,可得补偿上激光能级由于自发辐射而损失粒子数的吸收泵浦能量 P_{ab},有

$$\frac{P_{ab}}{V} = \frac{h\nu_p n_{th}}{\eta_Q \tau_f} = \frac{\nu_p P_f}{\nu_L \eta_Q} \qquad (3-17)$$

式中:$h\nu_p$ 为在泵浦波长处的光子能量;ν_L 为振荡光频率;η_Q 为量子效率,泵浦功率和荧光功率之差表示释放到晶格的热功率。

3.1.3 谐振腔输出功率

激光器在阈值条件下,具有小信号增益,小信号增益系数仅取决于材料的参量和对激活材料的泵浦功率,而当超过阈值时,谐振腔内将产生受激发射,光子密度也随之增加,增益系数随着光子密度的增大而减小达到饱和增益系数:

$$g = \frac{g_0}{1 + I/I_s} \quad (3-18)$$

式中:g_0 为小信号增益系数;I 为系统内功率密度;I_s 为饱和光强。

激光谐振腔内的功率密度在饱和增益等于总损耗时达到最大值,功率密度 I 可由式(3-9)和式(3-18)推导得出,表示为

$$I = I_s \left[\frac{2g_0 l}{\delta - \ln R_1} - 1 \right] \quad (3-19)$$

其中,对于四能级系统,小信号增益系数 $g_0 = \sigma_{21} n_{\text{tot}} W_p \tau_f$,饱和光强 $I_s = \dfrac{h\nu}{\sigma_{21} \tau_f}$。

由式(3-19)可知,假设阈值时 $I = 0$,如果增益介质泵浦到阈值以上,此时 g_0 和 I 都会增大,而饱和增益系数根据式(3-9)可知其为常数。随着 I 的增大,输出功率从输出镜 R_1 中耦合输出。

谐振腔内光束的运行图如图3-3所示,其中 I_L 和 I_R 分别为腔内左、右两个传播方向的单程光波功率密度,其值与在腔内的位置有关。

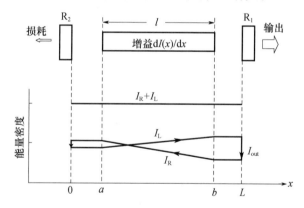

图3-3 在激光振荡器中从左向右 I_L 以及从右向左 I_R 循环的功率

谐振腔内总功率密度为[3]

$$I = I_L + I_R = \text{const} \quad (3-20)$$

而循环功率为

$$I_{\text{circ}} = (I_L + I_R)/2 \quad (3-21)$$

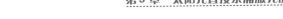

从图 3-3 可得到

$$I_{out} = (1 - R_1) I_L \tag{3-22a}$$

$$I_R = R_1 I_L \tag{3-22b}$$

从以上公式推导出谐振腔输出功率为

$$P_{out} = AI\left(\frac{1-R}{1+R}\right) \tag{3-23}$$

式中:R 为输出镜的反射率;A 为工作物质的横截面。

3.2　太阳光泵浦激光器的运行模型

3.2.1　太阳光泵浦激光器能量传输机制

为讨论太阳光泵浦激光器从太阳光到激光的能量转换效率,参考常规的固体激光器能量模型,我们提出了太阳光泵浦激光器的能量转换模型,对激光器各部分能量转换环节作出了基本定义。图 3-4 为从太阳光到激光的能量流程图,该图列出了影响能量转换过程的主要因子和设计问题,将转换过程分成与各个系统元件有关的几个步骤,习惯上可分为四步。

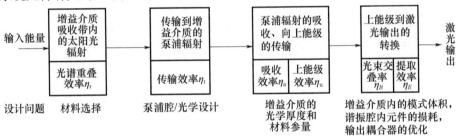

图 3-4　太阳光泵浦激光器的能量流程图

下面将分别介绍四个转换过程中涉及的各能量转换效率[4]。

1. 光谱重叠效率

泵浦源辐射的波长处于工作物质吸收带内的部分定义为有效辐射部分。因此,光谱重叠效率 η_r 可定义为

$$\eta_r = \frac{\int_{\lambda_1}^{\lambda_2} P_\lambda \mathrm{d}\lambda}{P} \tag{3-24}$$

式中:P_λ 为泵浦源发射的单位波长的辐射功率;积分限为对上能级有效泵浦波长 λ_1 到 λ_2 波段;P 为泵浦源辐射的总功率。

为了方便进一步的计算,定义泵浦光源的归一化光谱分布 g_λ:

$$g_\lambda = \frac{P_\lambda}{\eta_r P} \qquad (3-25)$$

则 $\int_{\lambda_1}^{\lambda_2} g_\lambda d\lambda = 1$。值得注意的是，$g_\lambda$ 和 η_λ 与泵浦源的特性以及入射功率密切相关[5]。

2. 传输效率

光源的泵浦辐射是通过聚光腔或者泵浦腔转移到工作物质的，因此传输效率为入射到工作物质上的吸收波段内的辐射功率与光源处于工作物质吸收波段内的辐射功率之比。传输效率可表示为

$$\eta_t = \frac{\int_{\lambda_1}^{\lambda_2} P_{e\lambda} d\lambda}{\int_{\lambda_1}^{\lambda_2} P_\lambda d\lambda} = \frac{\int_{\lambda_1}^{\lambda_2} \eta_{tg} \eta_{tl} P_\lambda d\lambda}{\int_{\lambda_1}^{\lambda_2} P_\lambda d\lambda} \qquad (3-26)$$

式中：$P_{e\lambda}$ 为进入棒的单位波长的辐射功率；η_{tg} 为几何传输因子，基于泵浦腔的几何外形、泵浦源和激光棒的距离以及激光棒的直径。η_{tl} 考虑了由于泵浦腔反射内壁的损耗，腔内冷却液的吸收和激光棒表面的反射和散射等因素。对于椭圆和漫反射泵浦腔，η_{tg} 已经有精确的公式可以求解且与波长无关[6-8]。而对于 η_{tl} 的求解却没有明确的公式，在现今的泵浦腔中，η_{tl} 的值接近于 0.85 ~ 1。由于 η_{tl} 实际上与波长有关，为了简化，我们假设其与波长无关并等于其平均值 $\bar{\eta}_{tl}$。

$$\bar{\eta}_{tl} = \int_{\lambda_1}^{\lambda_2} \eta_{tl} P_\lambda d\lambda \Big/ \int_{\lambda_1}^{\lambda_2} P_\lambda d\lambda \qquad (3-27)$$

由此，可得

$$P_{e\lambda} = \eta_{tg} \bar{\eta}_{tl} P_\lambda = \eta_t P_\lambda \qquad (3-28)$$

3. 吸收效率

吸收效率为工作物质吸收的功率 P_a 与进入工作物质的功率之比。

$$\eta_a = \frac{P_a}{\int_{\lambda_1}^{\lambda_2} P_{e\lambda} d\lambda} \qquad (3-29)$$

η_a 值随泵浦源光谱区内工作物质的吸收系数 α_λ 和工作物质内的路径长度而变化。为了获得 η_a 的表达式，首先定义在激光棒内某个点上吸收的单位波长单位体积内的泵浦能量 $dP_{a\lambda}/dV$ 为

$$\frac{dP_{a\lambda}}{dV} = \alpha_\lambda \frac{c_0}{n} \rho_\lambda \qquad (3-30)$$

式中：α_λ 为激光棒的吸收系数；n 为激光棒的折射率；c_0 为真空中的光速；ρ_λ 为激光棒上该点处的泵浦光功率密度。对于半径为 R 的激光棒，ρ_λ 在棒内径向坐标处的值为

$$\rho_\lambda = n f \rho_{0\lambda} \tag{3-31}$$

式中:$f(\alpha R, r/R)$ 为归一化函数;$\rho_{0\lambda}$ 为当 $n=1$,$\alpha_\lambda = 0$ 时在棒上同一位置处的泵浦光功率密度。

$$\rho_{0\lambda} = \frac{4I_\lambda}{c_0} = \frac{2P_{e\lambda}}{\pi c_0 R l} \tag{3-32}$$

式中:l 为激光棒的长度。由式(3-30)、式(3-31)、式(3-32)和式(3-28),可得吸收功率 P_a 的表达式:

$$P_a = \frac{2}{\pi R l} \eta_t \eta_r P \int_V \int_{\lambda_1}^{\lambda_2} \alpha_\lambda f(\alpha R, r/R) g_\lambda \, d\lambda \, dV \tag{3-33}$$

最终推导出 η_a 的表达式为

$$\eta_a = 2 \int_{\lambda_1}^{\lambda_2} \alpha_\lambda R \overline{f}(\alpha R) g_\lambda \, d\lambda \tag{3-34}$$

式中:$\overline{f}(\alpha R)$ 为 $f(\alpha R, r/R)$ 在激光棒体积内的平均值,且有[9]

$$\overline{f}(\alpha R) = \frac{1 - A_1 \exp(-k_1 \alpha R) - A_2 \exp(-k_2 \alpha R)}{2\alpha R} \tag{3-35}$$

其中 $A_1 = 0.433$,$A_2 = 0.567$,$k_1 = 3.4$,$k_2 = 1.21$。

我们可以看出,η_a 与工作物质折射率、传递效率和辐射效率无关。

4. 上能态效率

上能态效率可以定义为激光跃迁时发射的功率与泵浦带吸收的功率之比。该效率为两种形成因子的乘积:

$$\eta_u = \eta_Q \eta_S \tag{3-36}$$

式中:η_Q 为量子效率,定义为形成激光发射的光子数与吸收光子数之比;η_S 为量子亏损效率,有时又称为斯托克斯因子,表示激光跃迁时发射的光子能量 $h\nu_L$ 和泵浦光子能量 $h\nu_P$ 之比,即

$$\eta_S = \frac{h\nu_L}{h\nu_P} = \frac{\lambda_P}{\lambda_L} \tag{3-37}$$

式中:λ_P 和 λ_L 分别为泵浦跃迁波长和激光波长。

对于宽光谱泵浦系统,η_S 值是在考虑了激光器的总吸收光谱后推导出来的平均值。

5. 光束交叠效率

上能态的能量转换为激光输出这一过程可以分为两个部分,即谐振腔模与激光介质泵浦区的空间交叠,以及存储于上激光能级、能够提取出来作为激光输出的部分能量。

光束的交叠效率 η_B 定义为谐振腔模体积与工作物质的泵浦体积之比。η_B

小于1说明部分反转粒子数通过自发辐射而不是受激辐射而衰减。在振荡器中，η_B 为模式匹配效率，即谐振腔模式和增益分布之间的空间交叠。

谐振腔模式强度分布和增益分布之间的交叠可通过下式表示[10]：

$$\eta_B = \frac{\left(\iiint_a \varepsilon w \mathrm{d}V\right)^2}{\iiint_a \varepsilon^2 w \mathrm{d}V} \qquad (3-38)$$

式中：$\varepsilon(x,y,z) = \dfrac{\rho(x,y,z)}{\rho_0}$ 为谐振腔模的功率密度分布函数，$\rho(x,y,z)$ 为谐振腔模的功率密度，ρ_0 为谐振腔中的总功率；$w(x,y,z) = \dfrac{W(x,y,z)}{W_0}$，且 $\iiint_a w(x,y,z)\mathrm{d}V = 1$，$W(x,y,z)$ 为单位体积泵浦速率，泵浦速率 $W(x,y,z)$ 与光吸收功率之间的关系为 $\iiint_a W(x,y,z)\mathrm{d}V = \dfrac{P_a}{h\nu_p}$，$W_0$ 为单位时间内增益介质吸收的总光子数，$\iiint_a$ 代表对整个激光增益介质积分。

6. 提取效率

提取效率 η_E 定义为用于激光输出的上能级功率与上激光能级总功率之比，表示输出激光时上能态全部可用的能量或功率的百分数。激光器的系统总效率与该因子成正比。

$$\eta_E = \frac{P_{\mathrm{out}}}{P_{\mathrm{avail}}} \qquad (3-39)$$

可用耦合效率 η_c 来表示由于谐振腔内的损耗而引起的输出功率的减小，激光器的输出功率和输入功率的斜率曲线与该因子成正比。

$$\eta_c = \frac{T}{T+\delta} \qquad (3-40)$$

3.2.2 激光输出

本节描述激光输出、阈值、斜效率等从外部可测得的数据与内部系统、材料参量之间的关系。

1. 激光输出功率与阈值功率的理论计算

当激光振荡器开始起振后，在谐振腔内从噪声中建立起来的辐射通量将迅速增大，增益系数随辐射通量的增大而减小，最后稳定在由式（3-9）确定的值上。部分腔内功率从谐振腔中耦合输出，并表现为有效的激光输出。综合式（3-19）和式（3-23），则激光输出为

$$P_{\text{out}} = A\left(\frac{1-R}{1+R}\right)I_{\text{s}}\left(\frac{2g_0 l}{\delta - \ln R} - 1\right) \tag{3-41}$$

式中：I_{s} 为材料参量；A 和 l 分别为激光棒的截面和长度；R 为输出耦合镜的反射率。这些参数都是已知的，而小信号增益系数 g_0 和谐振腔损耗 δ 是未知的，现在将 g_0 与系统参量联系起来，获得测量 g_0 和损耗 δ 的方法。

对于四能级系统，由式(3-15)可知，反转粒子数随泵浦速率而变化，两边同乘以受激发射截面，则有

$$g_0 = \sigma n_0 W_{\text{p}} \tau_f = \frac{\eta_Q \eta_S \eta_B P_{\text{ab}}}{I_{\text{s}} V} \tag{3-42}$$

式中：P_{ab} 为激光棒吸收的总泵浦功率。

激光材料吸收的泵浦功率与输入功率的关系式为

$$P_{\text{ab}} = \eta_{\text{r}} \eta_{\text{t}} \eta_{\text{a}} P_{\text{in}} \tag{3-43}$$

由上两式得到小信号增益系数和输入功率，单程增益之间的关系式为

$$g_0 = \frac{\eta P_{\text{in}}}{I_{\text{s}} V} \tag{3-44}$$

为简化计算，我们将所有效率用 η 表示，$\eta = \eta_{\text{r}} \eta_{\text{t}} \eta_{\text{a}} \eta_Q \eta_S \eta_B$。

将式(3-44)中的小信号增益系数代入式(3-41)中，可得激光输出功率的表达式为

$$P_{\text{out}} = \sigma_{\text{s}}(P_{\text{in}} - P_{\text{th}}) \tag{3-45}$$

式中：σ_{s} 为输出功率和输入功率关系曲线的斜效率。

$$\sigma_{\text{s}} = \left(\frac{-\ln R}{\delta - \ln R}\right)\eta \approx \frac{T}{T+\delta}\eta \tag{3-46}$$

式中：$\dfrac{T}{T+\delta} = \eta_{\text{c}}$ 为耦合效率。

阈值输入功率为

$$P_{\text{th}} = \left(\frac{\delta - \ln R}{2}\right)\frac{Ah\nu_L}{\eta\sigma\tau_f} \approx \left(\frac{T+\delta}{2}\right)\frac{Ah\nu_L}{\eta\sigma\tau_f} \tag{3-47}$$

根据式(3-47)可知，受激发射截面与荧光寿命之积很大的激光材料激光阈值较低。斜效率 σ_{s} 为所有效率因子的乘积，正如我们所知的，由反射、散射或吸收造成的高的光学损耗 δ 将会增大阈值泵浦功率，减小斜效率。

2. 谐振腔损耗的计算方法

谐振腔的损耗和激光材料的增益在激光系统优化中起到很重要的作用。Findlay 和 Clay 首先提出利用反射率不同的输出镜，确定每面镜的激光阈值功率，从而得到谐振腔损耗 δ 的方法[11]。输出镜反射率与阈值输入功率、谐振腔损耗的关系为

$$-\ln R = KP_{\text{th}} - \delta \qquad\qquad (3-48)$$

式中：$K = \dfrac{2\eta}{I_s A}$（$\eta = \eta_r \eta_t \eta_a \eta_Q \eta_S \eta_B$），$-\ln R$ 与 P_{th} 呈线性关系，就可求出谐振腔的往返损耗 δ 为 $-\ln R$ 与 P_{th} 直线在 y 轴上的截距。根据直线的斜率，还能计算出因子 $\eta = \dfrac{KI_s A}{2}$。

当已知 η 和 δ 时，就可以求出输出功率随着输入功率和反射镜的反射率变化的关系。输出功率可用 η 表示为

$$P_{\text{out}} = A\left(\frac{1-R}{1+R}\right) I_s \left(\frac{KP_{\text{in}}}{\delta - \ln R} - 1\right) \qquad (3-49)$$

3. 最佳透过率的计算

输出功率在特定的输出透过率下达到最大值，为了确定最大输出功率时的耦合输出透过率，根据式（3－41）对 T 求导，令 $\dfrac{\mathrm{d}P_{\text{out}}}{\mathrm{d}T} = 0$，可得

$$T_{\text{out}} = (\sqrt{2g_0 l/\delta} - 1)\delta \qquad\qquad (3-50)$$

从上式可看出，如果小信号增益系数（或输入功率）增大，就必须增大输出镜的透过率。

3.3　太阳光泵浦激光器的热效应模型

太阳光属于宽光谱非相干泵浦源，仅有其中一部分功率被工作物质吸收产生激光，其他大部分功率都转化成了热，造成了晶体的热透镜效应，从而影响激光器的激光输出功率和光束质量。因此，需要对太阳光泵浦激光器的热透镜效应进行分析，求出其热透镜焦距，并对含有热透镜的谐振腔进行设计。

3.3.1　工作物质产生热的原因

在激光器的工作过程中，只有部分泵浦能量被吸收并且转化成了光能输出，其余部分能量都转变成了热能。

固体激光器在光泵浦过程中产生的废热主要来自于：①泵浦带与激光上能级之间的光子能差造成量子亏损发热，同理，下激光能级与基级之间的能差也转化为热能；②荧光发射的量子效率小于1，一部分被激发到上能级的反转粒子数通过非辐射弛豫到下能级；③对于宽光谱泵浦源，会有大量的不在激光介质泵浦能带内的光子被基质吸收转化成废热[12]。

3.3.2　太阳光泵浦激光器的热透镜效应分析

影响激光器热效应的因素主要有泵浦光源、工作物质几何形状、泵浦方式及冷却方式。

对于太阳光泵浦激光器常用的激光工作物质 Nd∶YAG，其吸收的太阳光的一部分用于激光输出，另一部分将引起晶体的温度升高，温度升高后将导致激活离子的荧光光谱加宽和量子效率降低，从而使激光器的阈值升高、效率降低。由于聚光腔泵浦的不均匀性导致了晶体吸收的不均匀，同时对晶体进行冷却时径向分布的不均匀使得 Nd∶YAG 内部的温度分布不均匀，进而形成热效应，产生光学畸变(包括热应力、热透镜、应力双折射等)，严重劣化光束质量。

通常太阳光泵浦激光器的泵浦方式为端面泵浦与侧面泵浦相结合的方式，为分析激光器的热透镜效应，首先要求出激光棒上的温度分布情况。对于混合泵浦情况，激光棒上吸收功率的分布情况比较复杂，直接计算热透镜效应有一定的难度，因此我们采用将两种泵浦方式造成的热透镜效应分别分析，最后将端泵和侧泵造成的热效应对晶体的影响相互叠加的方式，来计算太阳光泵浦激光器的热透镜焦距。

3.3.2.1　端面泵浦时激光棒上的温度分布

端面泵浦的激光棒在泵浦区内存在随泵浦辐射而变化的温度分布。从泵浦区边缘到圆柱棒的冷却表面，温度按对数规律降低，沿棒轴方向按指数规律吸收泵浦辐射，所以温度分布也按指数规律下降。在激光介质内，转换成热的部分泵浦功率起着热源的作用。

1. 热传导方程

热导率为 K 的固体激光介质受到发热强度为 $q(x,y,z)$ 的热源作用时，三维稳态热传导方程为[13]

$$\nabla^2 T(x,y,z) + \frac{q(x,y,z)}{K} = 0 \qquad (3-51)$$

式中，在一定的升温范围内，对于 Nd∶YAG 晶体，我们可认为热导率 K 不随温度变化而变化，是一个常数[14]。

激光介质表面 S 的边界条件可由牛顿冷却定律表示，即

$$K\frac{\partial T}{\partial n}\Big|_s = h(T_C - T|_s) \qquad (3-52)$$

式中：T_C 为冷却液温度，为确定值；$T|_s$ 为激光介质表面 S 的温度；n 为激光介质表面法线方向；h 为激光介质表面传热系数。传热系数的边界条件是使激光棒

绝热$(h=0)$,或者是从棒的表面传到冷却装置的热流量不受限制$(h=\infty)$。

根据泵浦腔的几何结构、泵浦系统和晶体材料参量,可以确定晶体内的温度分布情况,首先要确定表面传热系数 h 的值。

2. 表面传热系数

表面传热系数 h 由冷却液流速、物理参数和几何结构决定。对于环形结构内层流的强制对流,Hsu[15] 给出的式(3-53)就可用于计算表面传热系数。在湍流的情况下,表面传热系数 h 也可用 Hsu 给出的式(3-54)计算。这一公式适用于环形冷却道,内部管道的外表面和液体之间进行传热。

$$层流:\begin{cases} h_1 = 1.02\dfrac{K_w}{D_2-D_1}N_{Re}^{0.45}N_{Pr}^{0.5}N_{Gr}^{0.05}\left(\dfrac{D_2-D_1}{L}\right)^{0.4}\left(\dfrac{D_2}{D_1}\right)^{0.8} \\ 900 < N_{Re} < 2000 \end{cases} \quad (3-53)$$

$$湍流:\begin{cases} h_1 = 0.02\dfrac{K_w}{D_2-D_1}N_{Re}^{0.8}N_{Pr}^{0.33}\left(\dfrac{D_2}{D_1}\right)^{0.53} \\ 12000 < N_{Re} < 220000 \end{cases} \quad (3-54)$$

式中:K_w 为冷却液的热导率;D_2 为冷却管道的内直径;D_1 为棒直径;N_{Re},N_{Pr},N_{Gr} 为相关流体与在热传递和流体力学中有重要作用的几何参数的无量纲组合。

N_{Re} 为雷诺数,不论是在层流还是湍流中,流动的特性都与雷诺数的值有关。雷诺数公式为

$$N_{Re} = \frac{G(D_2-D_1)}{\mu} \quad (3-55)$$

式中:μ 为黏度;G 为流动的单位面积的质量流量,即

$$G = \frac{4m^*}{\pi(D_2^2-D_1^2)} \quad (3-56)$$

则有

$$N_{Re} = \frac{(D_2-D_1)}{\mu}\frac{4m^*}{\pi(D_2^2-D_1^2)} = \frac{4m^*}{\pi\mu}\frac{1}{D_2+D_1} \quad (3-57)$$

普朗特数 N_{Pr} 为流体的特性:

$$N_{Pr} = \frac{C_p\mu}{K_w} \quad (3-58)$$

式中:C_p 为流体的比热;μ 为黏度;K_w 为热导率。

格拉肖夫数 N_{Gr} 与自由对流相关,从其占表面传热系数指数为 0.05 可以看出,它仅对热传递系数的值有较小的影响。

$$N_{Gr} = \frac{(D_2-D_1)^3\rho^2 g\gamma}{\mu^2}(T_R-T_F) \quad (3-59)$$

式中:ρ 为密度;g 为重力加速度;γ 为体积热膨胀系数;$T_R - T_F$ 为激光棒表面和冷却剂平均温度之间的温差。

下面以锥形聚光腔为例。

激光棒长度 $L = 10\text{cm}$;棒直径 $D_1 = 0.6\text{cm}$;聚光腔内壁直径:D_2 为 0.75 ~ 3.5cm,测量得每秒钟流过聚光腔内的冷却水的体积为 125ml,即体积流量为 125ml/s,可得质量流量为 $m^* = 125\text{g/s}$;Nd:YAG 晶体的热导率为0.14W/cm·K;进入腔体内的冷却水温度为 20℃。

用以下各项描述水的热特性参数:热导率 $K_w = 5.8 \times 10^{-3}\text{W/cm·K}$,黏度 $\mu = 1 \times 10^{-2}\text{g/cm·s}$,比热 $C_p = 4.2 \times 10^3\text{J/kg·℃}$,体积热膨胀系数 $\gamma = 0.643 \times 10^{-4}℃^{-1}$[16],密度 $\rho = 1.0\text{g/cm}^3$。

对于雷诺数的计算,由于 D_2 值不唯一,采用对 N_{Re} 在聚光腔内壁直径范围内进行积分,然后求平均值的方法,可得

$$\bar{N}_{Re} = \frac{4m^*}{\pi\mu} \frac{1}{3.5 - 0.75} \int_{0.75}^{3.5} \frac{1}{D + D_1} dD = 6210$$

将以上各参数分别代入普朗特数和格拉肖夫数的计算公式中,得到 $N_{Pr} = 7.4$,$N_{Gr} = 7860$。

因此,从式(3-53)、式(3-54)分别可得表面热传热系数 $h_1 = 1.07\text{W/cm}^2℃$,$h_t = 0.3\text{W/cm}^2℃$,从获得的雷诺数可知,流层处于层流和湍流的过渡区内,因此,表面热传递系数的值必须在湍流和层流值之间估算。在以后的计算中,使用两者的平均值 $h = 0.69\text{W/cm}^2℃$ 作为表面热传递系数的值。

3. 热源强度分布函数

在各向均匀的介质中,热源与归一化的泵浦辐射分布 $p(x,y,z)$ 成正比,在纵向端面泵浦情况下,热源的发热强度分布为[17]:

$$q(x,y,z) = \alpha\eta_{heat}P_0(1 - e^{-\alpha l})p(x,y,z)e^{-\alpha z} \tag{3-60}$$

式中:P_0 为总的入射泵浦功率;l 为工作物质长度;α 为吸收系数;η_{heat} 表示泵浦功率转化为热能的部分,即热负载系数。

热负载系数决定了热源的发热强度,我们有必要对其进行讨论计算。

以 Nd:YAG 晶体为例,存在从泵浦带到上激光能级、从下激光能级到基级的无辐射跃迁,以及离子吸收泵浦光子却对反转粒子数无贡献的无辐射跃迁,浓度猝灭的无辐射跃迁。量子亏损(泵浦光子能量和激光光子能量之比)为废热的主要来源,因此,在无辐射跃迁、浓度猝灭、激发能级吸收及上转换较弱的情况下,量子亏损较小的激光工作物质产生较低的废热[18]。热负载系数为[19]

$$\eta_{heat} = 1 - \eta_p\left[(1 - \eta_l)\eta_r(\lambda_p/\lambda_f) + \eta_l(\lambda_p/\lambda_f)\right] \tag{3-61}$$

式中：η_p 为泵浦量子效率；η_r 为上能级的辐射量子效率；η_l 为被受激辐射提取的上能级粒子数的比值，未产生激光时，$\eta_l = 0$；λ_p 为泵浦波长；λ_f 为平均荧光波长；λ_l 为受激辐射波长。假设导致泵浦量子效率小于 1 的原因仅是由于无辐射点的存在，并且不存在上转换即受激能级的吸收，同时，假设导致入射量子效率小于 1 的原因仅为浓度猝灭。因此，可得 $\eta_r \sim 0.9^{[20]}$。

计算中，设定 $\eta_l = 1$（假设上能级粒子全部转换成了激光输出），$\eta_p = 0.9$，$\bar{\lambda}_p = 640\,\mathrm{nm}$（平均波长），$\lambda_f = 1064\,\mathrm{nm}$，得 $\eta_{\mathrm{heat}} = 0.46$。

对于太阳光泵浦激光器，Nd：YAG 晶体的热负载与太阳光入射功率的空间分布有关，而太阳光入射光强无法用确定的解析表达式来描述，因此，将入射泵浦光源的径向分布曲线进行拟合，得到太阳光汇聚光斑的径向功率分布曲线如图 3-5 所示，其中圆点表示实验测得的太阳光经过菲涅尔透镜汇聚后光斑上各点的归一化功率，曲线为将圆点进行拟合后得到，则拟合曲线公式为：

$$p(x,y) = p(r) = a_1 \mathrm{e}^{-\left(\frac{r-b_1}{c_1}\right)^2} + a_2 \mathrm{e}^{-\left(\frac{r-b_2}{c_2}\right)^2} \qquad (3-62)$$

其中：$a_1 = 0.8439$，$b_1 = -5.681 \times 10^{-9}$，$c_1 = 0.5899$，$a_2 = 0.1561$，$b_2 = -1.694 \times 10^{-6}$，$c_2 = 2.766$。

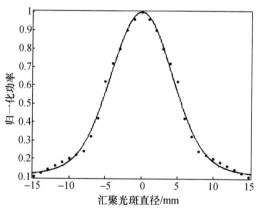

图 3-5　太阳光汇聚光斑拟合分布曲线

假设汇聚光斑沿激光棒传播时其轴向功率分布不变，得出热源的功率密度为

$$q(r,z) = 0.46\bar{\alpha}P_0 p(r)(1 - \mathrm{e}^{-\bar{\alpha}l})\mathrm{e}^{-\bar{\alpha}z} \qquad (3-63)$$

式中：$0 \leqslant r \leqslant 0.3\,\mathrm{cm}$；$\bar{\alpha}$ 为 Nd：YAG 晶体在整个太阳辐射波段上的平均吸收系数。

已知太阳光经过菲涅尔透镜汇聚后的光斑正好位于激光棒的端面上，激光棒的圆柱表面以及泵浦端面都处于循环水冷中。根据热传导方程以及边界条件，便可以求出棒上的温度分布。

4. 基于太阳光泵浦的热传导方程的求解

根据上述推算,得出基于太阳光泵浦的热传导方程为

$$\begin{cases} \nabla^2 T(x,y,z) = -\dfrac{q(x,y,z)}{K} \\ \left(\dfrac{\partial T}{\partial n} + \dfrac{h}{K}T\right)\Big|_S = \dfrac{h}{K}T_C \end{cases} \qquad (3-64)$$

式中:K 为 Nd:YAG 晶体的热导率,取 300K 时的热导率 $K = 0.14\text{W/cm}\cdot\text{K}$,表面传热系数 $h = 0.69\text{W/cm}^2\cdot\text{K}$,冷却液温度 $T_C = 20\text{℃}$。

有关温度场计算的方法,大多采用有限元和有限差分法。然而对于具有第三类边界条件的偏微分方程(如式(3-64)),运用有限差分法不能求解,只能通过有限元方法进行数值求解[21]。

采用了有限元法对温度场进行数值计算,下面就该计算方法做一介绍。有限元方法将边界条件包含在已经最小化函数的积分中,故构造过程与问题的特殊边界条件无关[22]。

考虑偏微分方程

$$\frac{\partial}{\partial x}\left(p(x,y)\frac{\partial u}{\partial x}\right) + \frac{\partial}{\partial y}\left(q(x,y)\frac{\partial u}{\partial y}\right) + r(x,y)u(x,y) = f(x,y) \qquad (3-65)$$

取 $(x,y) \in \mathscr{D}$,这里 $\mathscr{D}$ 是边界为 $\mathscr{F}$ 的平面区域。形式为 $u(x,y) = g(x,y)$ 的边界条件作用于边界的一部分 $\mathscr{F}_1$,对于边界的其他部分 $\mathscr{F}_2$,要求解 $u(x,y)$ 满足:

$$P(x,y)\frac{\partial u}{\partial x}(x,y)\cos\theta_1 + q(x,y)\frac{\partial u}{\partial y}(x,y)\cos\theta_2 + g_1(x,y)u(x,y) = g_2(x,y)$$

$$(3-66)$$

式中:θ_1 和 θ_2 为点 (x,y) 处外法线与边界的方向夹角。

上述方程的解通常由该问题确定的一类函数中最小化某个包含积分的泛函,因此,方程的解可唯一地使得函数 $I(w)$ 达到最小值,其中

$$I(w) = \iint\limits_D \left\{ \frac{1}{2}\left[p(x,y)\left(\frac{\partial w}{\partial x}\right)^2 + q(x,y)\left(\frac{\partial w}{\partial y}\right)^2 - r(x,y)w^2\right] + f(x,y)w \right\}\mathrm{d}x\mathrm{d}y$$

$$+ \int\limits_{F_2}\left\{ -g_2(x,y)w + \frac{1}{2}g_1(x,y)w^2 \right\}\mathrm{d}S \qquad (3-67)$$

为求解该函数,首先将该区域划分为有限个形状规则的区域或元,其形状为矩形或三角形。对于逼近的函数集通常用关于 x 和 y 的固定阶数的分段多项式集,x 和 y 的线性类型多项式为 $\phi(x,y) = a + bx + cy$,常用于三角形元。

假设区域 D 被分割成三角形元,有限元方法形如寻找如 $\phi(x,y) = \sum\limits_{i=1}^{m} \gamma_i\phi_i(x,y)$ 的近似来求解,其中 $\phi_1, \phi_2, \cdots, \phi_m$ 是线性无关的分段线性多项

式,$\gamma_1,\gamma_2,\cdots,\gamma_m$ 是常数。其中某些常数,如 $\gamma_{n+1},\gamma_{n+2},\cdots,\gamma_m$ 用来保证在边界 $\mathscr{F}_1$ 上满足边界条件 $\phi(x,y)=g(x,y)$,其余常数用来最小化函数 $I\left[\sum\limits_{i=1}^{m}\gamma_i\phi_i\right]$。

由方程(3-67)可得对于三角形元变换后的函数形式为

$$I[\phi]=I\left[\sum_{i=1}^{m}\gamma_i\phi_i\right] \tag{3-68}$$

为使其达到最小值,把 I 看作 $\gamma_1,\gamma_2,\cdots,\gamma_n$ 的函数,则有

$$\frac{\partial I}{\partial\gamma_j}=0 \quad (j=1,2,\cdots,n) \tag{3-69}$$

计算可得

$$\begin{aligned}
0=\sum_{i=1}^{m}&\left[\iint\limits_{\mathscr{D}}\left\{p(x,y)\frac{\partial\phi_i}{\partial x}(x,y)\frac{\partial\phi_j}{\partial x}(x,y)+q(x,y)\frac{\partial\phi_i}{\partial y}(x,y)\frac{\partial\phi_j}{\partial y}(x,y)\right.\right.\\
&\left.-r(x,y)\phi_i(x,y)\phi_j(x,y)\right\}\mathrm{d}x\mathrm{d}y+\left.\int_{\mathscr{F}_2}g_1(x,y)\phi_i(x,y)\phi_j(x,y)\mathrm{d}S\right]\gamma_i\\
&+\iint\limits_{\mathscr{D}}f(x,y)\phi_i(x,y)\mathrm{d}x\mathrm{d}y-\int_{\mathscr{F}_2}g_2(x,y)\phi_j(x,y)\mathrm{d}S
\end{aligned} \tag{3-70}$$

式中:$j=1,2,\cdots,n$。此方程集可以写成线性方程组:

$$Ac=b \tag{3-71}$$

式中:$c=(\gamma_1,\gamma_2,\cdots,\gamma_n)^t$,$A=(a_{ij})$,$b=(\beta_1,\beta_2,\cdots,\beta_n)^t$,分别定义为

$$\begin{aligned}
a_{ij}=\iint\limits_{\mathscr{D}}&\left[p(x,y)\frac{\partial\phi_i}{\partial x}(x,y)\frac{\partial\phi_j}{\partial x}(x,y)+q(x,y)\frac{\partial\phi_i}{\partial y}(x,y)\frac{\partial\phi_j}{\partial y}(x,y)\right.\\
&\left.-r(x,y)\phi_i(x,y)\phi_j(x,y)\right]\mathrm{d}x\mathrm{d}y\\
&+\int_{\mathscr{F}_2}g_1(x,y)\phi_i(x,y)\phi_j(x,y)\mathrm{d}S
\end{aligned} \tag{3-72}$$

式中:$i=1,2,\cdots,n$ 且 $j=1,2,\cdots,m$。

$$\beta_i=-\iint\limits_{\mathscr{D}}f(x,y)\phi_i(x,y)\mathrm{d}x\mathrm{d}y+\int_{\mathscr{F}_2}g_2(x,y)\phi_i(x,y)\mathrm{d}S-\sum_{k=n+1}^{m}a_{ik}\gamma_k \tag{3-73}$$

式中:$i=1,2,\cdots,n$。

把区域 $\mathscr{D}$ 分割成三角形 $T_1,T_2,\cdots,T_M$ 的集合,第 i 个三角形具有三个顶点,记为

$$V_j^{(i)}=(x_j^{(i)},y_j^{(i)}),\quad(j=1,2,3) \tag{3-74}$$

对每个顶点 $V_j^{(i)}$ 关联一个线性多项式

$$N_j^{(i)}=a_j^{(i)}+b_j^{(i)}x+c_j^{(i)}y \quad 且 \quad N_j^{(i)}(x_k,y_k)=\begin{cases}1,&j=k\\0,&j\neq k\end{cases} \tag{3-75}$$

生成形如

$$\begin{bmatrix} 1 & x_1 & y_1 \\ 1 & x_2 & y_2 \\ 1 & x_3 & y_3 \end{bmatrix} \begin{bmatrix} a_j \\ b_j \\ c_j \end{bmatrix} = \begin{bmatrix} 1 \\ 0 \\ 0 \end{bmatrix}$$ 的线性方程组,元素 1 出现在右边向量的第 j 行(这里 $j=1$)。

设 $E_1, E_2, \cdots, E_n$ 为对应于 $\mathscr{D} \cup \mathscr{F}$ 的标号,对于每个节点 E_k,连带一个函数 ϕ_k,当节点 E_k 记为 $V_j^{(i)}$ 的顶点时,ϕ_k 在三角形 T_i 上的多项式同 $N_j^{(i)}$ 是等同的。

根据以上对有限元的分析,可编写出有限元程序,输入参量分别为:三角形边长不在区域边界上的个数 K,至少有一条边在 $\mathscr{F}_2$ 上的三角形个数 N,以及其他三角形个数 M;三角形 T_i 的三个顶点 $(x_1^{(i)}, y_1^{(i)})$,$(x_2^{(i)}, y_2^{(i)})$,$(x_3^{(i)}, y_3^{(i)})$,$i = 1, 2, \cdots, n$;顶点 $E_1, \cdots, E_m$,其中 $E_1, \cdots, E_n$ 属于 $\mathscr{D} \cup \mathscr{F}_2$,$E_{n+1}, \cdots, E_m$ 在 $\mathscr{F}_1$ 上,且将顶点 (x_k, y_k) 与节点 $E_j = (x_j, y_j)$ 相对应;方程的参数为 $p(x, y)$,$q(x, y)$,$r(x, y)$,$f(x, y)$,$g(x, y)$,$g_1(x, y)$,$g_2(x, y)$。

输出参量为:常数 $\gamma_1, \gamma_2, \cdots, \gamma_m$;$a_j^{(i)}, b_j^{(i)}, c_j^{(i)}$($j = 1, 2, 3; i = 1, 2, \cdots, M$)。

最后用 $\phi(x, y) = \sum_{k=1}^{m} \gamma_k \phi_k(x, y)$ 在 $\mathscr{D} \cup \mathscr{F}_1 \cup \mathscr{F}_2$ 上逼近 $u(x, y)$。

使用有限元法的求解过程中,我们对激光棒形状进行了近似,以矩形边界代替激光棒的圆形边界,将矩形截面划分成如图 3-6 所示的三角形集,其中三角形内的标号为三角形序号,各交点上的标号为节点的序号。

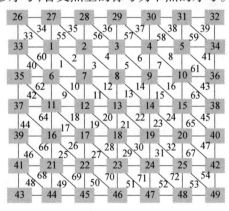

图 3-6　矩形截面划分成的三角形集

将我们所求的热传导方程,代入上述偏微分方程可得各参量分别为

$$p(x, y) = 1, q(x, y) = 1, r(x, y) = 0$$
$$f(x, y) = -q(x, y, z)/K$$
$$g(x, y) = 0, g_1(x, y) = \frac{h}{K} \approx 5, g_2(x, y) = \frac{h}{K} T_C = 100$$

对于长度为 10cm 的激光棒,假设 z 轴表示棒轴线方向,为了计算数值解,沿轴向对棒进行细分并假设在 0.1cm 段内吸收功率保持不变且温度分布相同。设定入射功率 P_0 为 800W,根据有限元法,即可求出棒内各段的温度分布情况,如图 3 - 7 所示。从图中可知,晶体棒的径向温度场为类抛物线型,棒中心温度最高,温度分布沿中心位置呈近对称形式。对比激光棒不同轴向位置处的温度分布可知棒内温度沿轴向呈递减趋势。将各段棒中心位置处温度做一拟合,可得晶体中心处的轴向温度分布,显示在图 3 - 8 中,轴向温度分布为类指数型,随

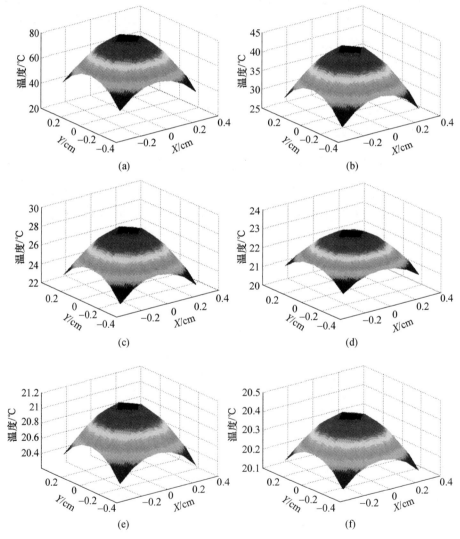

图 3 - 7 Nd: YAG 晶体棒内温度分布

(a) $Z = 0$cm 棒截面温度分布; (b) $Z = 2$cm 棒截面温度分布; (c) $Z = 4$cm 棒截面温度分布;

(d) $Z = 6$cm 棒截面温度分布; (e) $Z = 8$cm 棒截面温度分布; (f) $Z = 10$cm 棒截面温度分布。

着轴向长度增长而呈指数衰减,且降速很快,在 2cm 处就已经降到了最高温度的一半,这说明端面泵浦仅对棒前端小部分的温度有较大的影响。

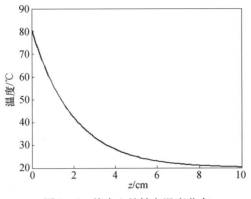

图 3 - 8　棒中心处轴向温度分布

3.3.2.2　侧面泵浦时激光棒上的温度分布

Koechner 于 1970 年首次推导了侧面泵浦的棒状激光介质的热透镜公式[23],此后,该推导方法被广泛采用,用于晶体的热透镜计算。在 Koechner 的推导中,假设泵浦光的分布是均匀的,但是对于我们所采用的锥形聚光腔,对激光棒进行侧面泵浦时,泵浦光功率的轴向分布会呈现不均匀性,因此,用该方法直接进行计算是不可行的,可根据实际情况对该公式进行相应的完善。

太阳光泵浦激光器采用的泵浦方式为端面泵浦与侧面泵浦相结合的方式,端面泵浦的入射功率分布可以直接测得,侧面泵浦方式对于激光棒吸收功率的贡献部分却无法准确计算出来。对此,只能先通过软件模拟的方式大致模拟出激光棒侧面泵浦时吸收的功率,在模拟时将激光棒端面用不透光物体遮挡,阻止泵浦光从端面入射,这样就只剩下侧面泵浦的作用了。

对于非均匀泵浦的热透镜效应的计算,将激光棒分成 N 等分,每段长为 $\mathrm{d}z$ 并假设在 $\mathrm{d}z$ 段内轴向温度不变。以 $T(r_0)$ 表示 $r = r_0$ 的边界条件,$T(r_0)$ 为棒表面温度,r_0 为棒的半径,则棒内径向温度分布为

$$T(r) = T(r_0) + \left(\frac{A}{4K}\right)(r_0^2 - r^2) \qquad (3-76)$$

式中:A 为单位体积的发热,表示为

$$A = \frac{P_{\mathrm{a}}}{\pi r_0^2 L} \qquad (3-77)$$

式中:P_{a} 为棒吸收的总热量;L 为棒的长度。

棒的表面和冷却液的温差为

$$T(r_0) - T_F = \frac{P_a}{2\pi r_0 L h} \tag{3-78}$$

式中：T_F 为冷却液的温度；h 为表面传热系数。

由式（3-76）、式（3-77）、式（3-78）可得

$$T(r) = T_F + \frac{P_a}{2\pi r_0 L}\left(\frac{1}{h} + \frac{r_0^2 - r^2}{2K r_0}\right) \tag{3-79}$$

对于 $\mathrm{d}z$ 段内的温度分布，可表示为

$$T(r,z) = T_F + \frac{\eta_{\mathrm{heat}} P_{\mathrm{abs}}(z)}{2\pi r_0 \mathrm{d}z}\left(\frac{1}{h} + \frac{r_0^2 - r^2}{2K r_0}\right) \tag{3-80}$$

已知 $T_F = 20\,^\circ\!\mathrm{C}$，$K = 0.14\mathrm{W/cm \cdot K}$，$h = 0.69\mathrm{W/cm^2 \cdot ^\circ\!C}$，$r_0 = 0.3\mathrm{cm}$，$\eta_{\mathrm{heat}} = 0.46$，$P_{\mathrm{abs}}(z)$ 为在棒内长度为 z 处的吸收功率。

同样取太阳光入射到聚光腔入口处的功率为 800W，假设聚光腔为镜面反射腔（对于漫反射腔内的温度分布，计算过程相同，本书不再单独计算），棒的平均吸收系数为 $0.35\mathrm{cm}^{-1}$，激光棒取 100 等分，即可计算出每小段内的吸收功率。由于 $P_{\mathrm{abs}}(z)$ 无法用函数表达，因此只能采用数值解法求解上式。

由式（3-80）可知，轴向温度分布与激光棒吸收功率分布成正比，因此轴向温度分布曲线与吸收功率分布曲线相似，激光棒中心轴线上的温度分布曲线如图 3-9 所示。

棒上轴向温度最大值在 6.1cm 处，在该处的棒截面径向温度分布显示在图 3-10 中。

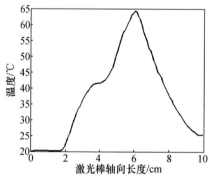

图 3-9　激光棒中心轴向温度分布曲线

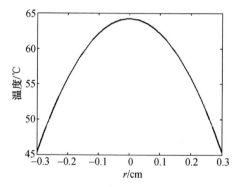

图 3-10　激光棒径向温度分布

3.3.2.3　晶体热透镜焦距计算

激光棒的径向温度分布导致了热透镜效应。这种温度分布造成了棒上的温度梯度以及放射状对称的应力分布。应力的作用使棒端面形成了近抛物线型的

弯曲,使棒端面的特性类似于球面透镜效应。径向温度梯度也呈放射状对称分布,导致晶体折射率形成了径向分布,使晶体具有自聚焦透镜的特性。棒上所有的热效应相互叠加,使棒具有了厚透镜的特性(端面效应导致的球面透镜特性与温度梯度导致的自聚焦透镜特性的叠加)[24]。

用光程差来描述热致晶体的特性变化,为了简便计算,对于不同的波长与折射率的关系,假设对所有波长光程差都相同。在无穷小距离 dz 内,光程差为[25,26]

$$\mathrm{dOPD}(x,y) = \Delta n(x,y,z)\mathrm{d}z + (n_0 - 1)\frac{\mathrm{d}u(x,y)}{\mathrm{d}z}\mathrm{d}z + \sum_{i,j=1}^{3}\frac{\partial n}{\partial \varepsilon_{ij}}\varepsilon_{ij}(x,y)\mathrm{d}z$$

$$(3-81)$$

式中:$\Delta n(x,y,z) = [T(x,y,z) - T(0,0,z)]\dfrac{\mathrm{d}n}{\mathrm{d}T}, \dfrac{\mathrm{d}n}{\mathrm{d}T} = 7.3 \times 10^{-6}/\mathrm{℃}$。

其中,第一项由温度梯度导致的折射率变化引起,第二项由端面效应引起,第三项由热应力引起。

当激光棒的端面镀了高反膜,式(3 - 81)的($n_0 - 1$)替代为 n_0。这是因为当光束通过畸变的表面时,只考虑晶体与周围环绕的空气之间的折射率差,然而,在内反射时,要考虑晶体的总体折射率[27]。

沿着晶体轴向积分,可得单程的光程差 OPD 为

$$\mathrm{OPD}(x,y) = \int_0^l \Delta n(x,y,z)\mathrm{d}z + n_0\Delta u(x,y) + \sum_{i,j=1}^{3}\int_0^l \frac{\partial n}{\partial \varepsilon_{ij}}\varepsilon_{ij}(x,y)\mathrm{d}z$$

$$(3-82)$$

记温度梯度造成的光程差为 OPD_T,端面效应造成的光程差为 OPD_E,热应力造成的光程差为 OPD_ε,则总光程差可写成

$$\mathrm{OPD} = \mathrm{OPD}_T + \mathrm{OPD}_E + \mathrm{OPD}_\varepsilon \qquad (3-83)$$

下面将分别对不同原因造成的光程差进行计算,进而求出热透镜焦距。

1. 温度梯度引起的热透镜效应

由温度梯度引起的光程差可表示为

$$\mathrm{OPD}_T(x,y) = \int_0^l [T(x,y,z) - T(0,0,z)]\frac{\mathrm{d}n}{\mathrm{d}T}\mathrm{d}z \qquad (3-84)$$

由于激光棒内温度及温度梯度分布具有轴对称性,因此,光程差可以表示为

$$\mathrm{OPD}_T(r) = \int_0^l [T(r,z) - T(0,z)]\frac{\mathrm{d}n}{\mathrm{d}T}\mathrm{d}z \qquad (3-85)$$

从参考文献[28]可知,对于波数为 k 的入射波,沿晶体通光方向(轴向)的总的相位差为

$$\Delta\phi_f(r) = k\int_0^l \Delta n(r,z)\,dz \tag{3-86}$$

对于类透镜介质,如果其折射率与 r 是二次方关系,则沿轴向传播的光束将出现二次方的空间相位变化,则此扰动相当于球面透镜,相应的焦距 f_T 与相位变化 $\Delta\phi_f(r)$ 之间的关系为

$$\Delta\phi_f(r) = -\frac{kr^2}{2f_T} \tag{3-87}$$

将两边同除以波数 k,可得

$$\mathrm{OPD}_T(r) = -\frac{r^2}{2f_T} \tag{3-88}$$

因此

$$f_T = -\frac{r^2}{2\mathrm{OPD}_T(r)} \tag{3-89}$$

根据 3.3.1 节与 3.3.2 节得出的端面泵浦和侧面泵浦造成的棒上温度分布的解析解,代入式(3-85)中,便可求出温度梯度所导致的光程差,进而求得热透镜的焦距。

图 3-11 为通过数值积分给出的温度梯度造成的光程差曲线,其中图 3-11(a)为由端面泵浦引起的光程差,图 3-11(b)为由侧面泵浦引起的光程差曲线。光程差与 r 的关系近似满足二次方的关系,分别对图中曲线进行二次幂函数拟合,应用热透镜焦距计算公式(3-89),得到晶体棒由端面泵浦造成的温度梯度导致的热透镜焦距为 $f_{T-\mathrm{end}} = 119\mathrm{cm}$,由侧面泵浦造成的温度梯度导致的热透镜焦距为 $f_{T-\mathrm{side}} = 83\mathrm{cm}$。

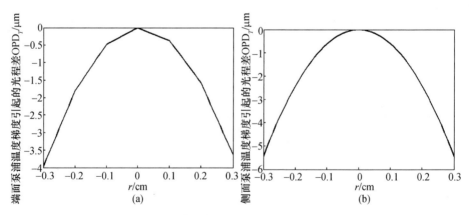

图 3-11 不同泵浦方式下温度梯度造成的光程差

(a)由端面泵浦引起温度梯度导致的光程差的径向分布曲线;

(b)由侧面泵浦引起温度梯度导致的光程差的径向分布曲线。

对以上不同泵浦方式引起的热透镜效应对比可知,侧面泵浦引起的热透镜效应与端面泵浦的热透镜效应相比较大,这是由于端面泵浦时只有前端部分吸收了泵浦功率,而侧面泵浦由于其泵浦面积增大,吸收功率较多,再加上镜面反射聚光腔泵浦功率分布不均匀,导致了所引起的热透镜效应更为明显。

2. 热应力引起的热透镜效应

应力引起的折射率变化,即所谓的光弹效应,介质的折射率用光率体表示,光率体在大多数情况下是椭球状,其形状、尺寸和方向微小变化,都说明应变引起的折射率变化。该变化以系数 B_{ij} 的微小变化表示[29]:

$$B_{i,j} = P_{ijkl}\varepsilon_{kl}(i,j,k,l = 1,2,3) \tag{3-90}$$

式中: P_{ijkl} 为给出光弹效应的四阶张量,该张量的元素是弹光系数; ε_{kl} 为二阶应变张量。

对于立方晶体而言,光弹效应可以用 P_{11}, P_{12}, P_{44} 来表示,如果激光棒圆周轴呈[111]方向,晶体沿此方向生长时,张量矩阵 ε_{kl} 在原坐标系中将变为对角矩阵:

$$\varepsilon_{kl} = \begin{bmatrix} \varepsilon_r & 0 & 0 \\ 0 & \varepsilon_\theta & 0 \\ 0 & 0 & \varepsilon_z \end{bmatrix} \tag{3-91}$$

对于圆柱结构的 Nd:YAG 棒来说,由应变导致的折射率变化为[30]:

$$\begin{cases} \dfrac{\partial n_r}{\partial \varepsilon_r} = -\dfrac{n_0^3}{12}[3p_{11} + 3p_{12} + 6p_{44}] \\[2mm] \dfrac{\partial n_r}{\partial \varepsilon_\theta} = -\dfrac{n_0^3}{12}[p_{11} + 5p_{12} - 2p_{44}] \\[2mm] \dfrac{\partial n_r}{\partial \varepsilon_z} = -\dfrac{n_0^3}{12}[2p_{11} + 4p_{12} - 4p_{44}] \end{cases}, \quad \begin{cases} \dfrac{\partial n_\theta}{\partial \varepsilon_r} = -\dfrac{n_0^3}{12}[p_{11} + 5p_{12} - 2p_{44}] \\[2mm] \dfrac{\partial n_\theta}{\partial \varepsilon_\theta} = -\dfrac{n_0^3}{12}[3p_{11} + 3p_{12} + 6p_{44}] \\[2mm] \dfrac{\partial n_\theta}{\partial \varepsilon_z} = -\dfrac{n_0^3}{12}[2p_{11} + 4p_{12} - 4p_{44}] \end{cases} \tag{3-92}$$

式中: p_{ij} 代表激光晶体的应变光弹性系数, $p_{11} = -0.0290$, $p_{12} = +0.0091$, $p_{44} = -0.0615$;下标 r 和 θ 用于指示折射率径向和切向分量。

因此,对于光束的径向偏振部分的光程差为

$$\mathrm{dOPD}_r(r) = \sum_{i,j=1}^{3} \frac{\partial n_r}{\partial \varepsilon_{ij}}\varepsilon_{ij}(r)\,\mathrm{d}z \tag{3-93}$$

同理,对于光束切向偏振部分的光程差为

$$\mathrm{dOPD}_\theta(r) = \sum_{i,j=1}^{3} \frac{\partial n_\theta}{\partial \varepsilon_{ij}}\varepsilon_{ij}(r)\,\mathrm{d}z \tag{3-94}$$

其中,激光棒的应变分布由下面公式计算[31]:

$$
\begin{cases}
\varepsilon_r(r) = (1+\nu)\alpha\Delta T(r,z) + \dfrac{(1+\nu)}{r^2}\alpha\displaystyle\int_0^r \Delta T(r,z)r\mathrm{d}r \\
\qquad\quad + \dfrac{(1+\nu)}{R^2}\alpha\displaystyle\int_0^R \Delta T(r,z)r\mathrm{d}r \\
\varepsilon_\theta(r) = \dfrac{(1+\nu)}{r^2}\alpha\displaystyle\int_0^r \Delta T(r,z)r\mathrm{d}r - \dfrac{(1+\nu)}{R^2}\alpha\displaystyle\int_0^R \Delta T(r,z)r\mathrm{d}r \\
\varepsilon_z(r) = (1+\nu)\alpha\Delta T(r,z)
\end{cases}
\tag{3-95}
$$

式中:ν 为泊松比;α 为热膨胀系数。

将式(3-94)和式(3-95)对激光棒长度进行积分,由热应力引起的总的光程差公式为

$$
\mathrm{OPD}_r = \int_0^l \sum_{i,j=1}^3 \frac{\partial n_r}{\partial \varepsilon_{ij}}\varepsilon_{ij}(r)\mathrm{d}z
\tag{3-96a}
$$

$$
\mathrm{OPD}_\theta = \int_0^l \sum_{i,j=1}^3 \frac{\partial n_\theta}{\partial \varepsilon_{ij}}\varepsilon_{ij}(r)\mathrm{d}z
\tag{3-96b}
$$

已知 Nd: YAG 晶体的光弹系数和材料参量值 $\alpha = 7.5 \times 10^{-6}/\text{℃}$,$\nu = 0.25$,$n_0 = 1.82$,代入以上各方程,通过数值积分,即可得到与热应力有关的光程差。图 3-12 为在不同泵浦方式下,径向和切向偏振情况下的光程差曲线。

对热效应进行分析表明,若将光程差进行多项式分解,则不同的阶次表示了不同的热效应,二次项就可用于表示热透镜效应[32]。

对图 3-12 得到的各光程差进行二次拟合,即可得由热应力引起的热透镜效应的各焦距分别为:端面泵浦导致的热应力引起的径向和切向热透镜焦距分别为 $f_{r\varepsilon-\text{end}} = -1834\text{cm}$,$f_{\theta\varepsilon-\text{end}} = 556\text{cm}$;侧面泵浦导致的热应力引起的径向和切向热透镜焦距分别为 $f_{r\varepsilon-\text{side}} = -1242\text{cm}$,$f_{\theta\varepsilon-\text{side}} = 375\text{cm}$。其中,$f$ 的下标表示了不同的偏振方向和泵浦方式,r 表示径向,θ 表示径向,ε 表示热应力。

通过上述对双折射导致的热焦距的计算可知,热应力引起的热透镜效应相对于温度梯度引起的热透镜效应,其影响较小,特别是径向偏振部分引起热透镜效应更不明显,因此在求解热透镜焦距的过程中可以将其忽略。

3. 端面效应引起的热透镜效应

在激光棒中,主要热畸变扰动出现在端面附近,该处的自由表面改变了应力特征。所谓端面效应,是指棒端面平面度的物理畸变。该畸变的诱因出现在距离 Nd: YAG 端面约一个半径内的自平衡应力[33]。棒端面平面度的偏差为

$$
l(r) = \alpha l_0 \int_0^{l_0} \left[T(r,z) - T(0,z) \right]\mathrm{d}z
\tag{3-97}
$$

式中:α 为热膨胀系数,l_0 为棒端面出现膨胀部分的长度,在计算中取 $l_0 = r_0$。

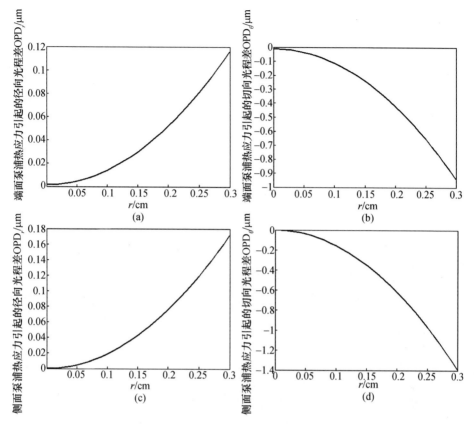

图 3 - 12　不同泵浦方式下热应力引起的光程差

（a）端面泵浦热应力造成的径向偏振光程差曲线；（b）端面泵浦热应力造成的切向偏振光程差曲线；

（c）侧面泵浦热应力造成的径向偏振光程差曲线；（d）侧面泵浦热应力造成的切向偏振光程差曲线。

根据几何光学厚透镜公式，端面为曲面时棒的焦距为

$$f_E = \frac{R}{2n_0} \qquad (3-98)$$

其中，端面曲率半径为

$$R = -\left(\frac{\mathrm{d}^2 l}{\mathrm{d} r^2}\right)^{-1} \qquad (3-99)$$

已知 $\alpha = 7.5 \times 10^{-6}/^{\circ}\mathrm{C}$，$r_0 = 0.3\,\mathrm{cm}$，$n_0 = 1.82$，且端面效应主要是端面泵浦引起，仅计算端面泵浦时激光棒上的温度分布即可，将激光棒上的温度分布的数值解代入式（3-98）中，可得到 $l(r)$ 与激光棒半径的关系曲线如图 3-13 所示。

对所得曲线进行二次幂函数拟合，再进行二次微分求出曲率半径 R，即可计算得到，$f_E = 749\,\mathrm{cm}$。

比较引起热透镜效应的各部分量值，可以看出，在混合泵浦情况下，激光棒

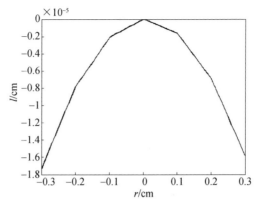

图 3 - 13　$l(r)$ 与激光棒半径的关系曲线

的热透镜效应主要由温度有关的折射率变化引起,受棒的伸长产生的端面效应以及与应力有关的折射率变化的影响较小。因此,在计算时可以仅考虑温度有关的折射率变化引起的热透镜效应。端面与侧面混合泵浦引起的热透镜效应的等效焦距 $f \approx \left(\dfrac{1}{f_{T-END}} + \dfrac{1}{f_{T-SIDE}} \right)^{-1} = 49 \mathrm{cm}$。

3.3.3　热管理技术

设计高平均功率激光器系统时,要对激光器进行高效率的散热和尽可能降低工作物质的热透镜效应,这就需要运用热管理技术来实现。

热管理技术一般包括三项内容:尽可能减少进入激光介质的热量、对工作物质的有效散热、对热效应的有效补偿。

3.3.3.1　减小入射泵浦热量的方法

(1)滤光。太阳光辐射谱中仅有一小部分被工作物质中的激活离子所吸收,其余相当多的部分转化成热,特别是紫外辐射部分对激光器的危害最大,会使工作物质产生色心。因此,可采用滤光玻璃或者滤光液去掉光谱中的无用有害部分。在冷却剂中加入一定比例的滤光材料,即可配成滤光液,但是滤光液会很快发热导致冷却效果不好,常用重量百分比为 0.3% ~ 1% 的重铬酸钾和 1% ~ 2% 的亚硝酸钠水溶液;采用滤光玻璃,也可达到更好的滤光效果[34,35]。JB_6,JB_7,JB_8 硒镉玻璃可以滤掉小于 $0.5\mu m$ 的无用辐射;掺铈石英玻璃可吸收小于 $0.3\mu m$ 紫外辐射,并发出可见荧光,不仅有滤光作用,还可以提高泵浦效率。掺铈和钐的玻璃对波长小于 $0.3\mu m$ 和 $1\mu m$ 附近的泵浦光吸收系数较大,用于 Nd:YAG 和钕玻璃激光器既可以滤去紫外成分又可消除退泵浦。

（2）介质膜聚光腔。由于在泵浦时,只有部分光是直接照射到工作物质的,其他未直接进入工作物质或者进入了却未被吸收的泵浦光要通过聚光腔的反射被工作物质吸收,因此,可以在聚光腔上镀介质膜,以反射泵浦光,透射红外光。由于太阳光光谱较宽,介质膜的透射谱远远不能包含太阳光的全部红外辐射,介质膜的发射、透射特性只对应于一个小的入射角内,随着入射角的增大,对泵浦光的发射、透射率也随之下降,因此会降低泵浦效率。

（3）低热泵浦。为了避免由于量子缺陷而产生无用热,可以采用直接泵浦（把基态粒子直接泵浦到第三能级而不经过第四能级）、热助推（把基态上热激励的斯托克斯能级上的粒子直接泵浦到第三能级）、辐射平衡等方法和设想;采用准三能级系统可以降低量子亏损,但对泵浦功率密度、均匀性等有很高的要求。

3.3.3.2　对激光工作物质的有效散热

为维持激光器的稳定运转,必须及时有效地将工作物质中的废热带走,同时还应该避免由于散热造成的工作物质中热畸变导致的热透镜、应力、退偏振、双折射等带来的对激光光束质量的影响。目前散热方式主要有气体、液体、高速湍流、热管、传导冷却、微通道冷却结构等。

使用冷却液体带走激光介质和聚光腔中沉积的大量废热是常用的冷却方式。冷却液有时还具有其他的功能,比如起到折射率匹配的作用,减少导致退泵浦模式的内反射;还可以起到滤光片的作用,消除不需要的泵浦辐射。冷却液在压力的作用下流经激光晶体棒,不同的液体流速和冷却特性使晶体棒和冷却液形成了特定的温差。在液流速度较低时,流动是分层的,绝大部分温降是由于液体界面静止边缘层的单纯热传导的结果;液流速度较高时会产生湍流,传热更有效,温度下降幅度更大。

当冷却液流过激光腔体时,其温度升高值为

$$\Delta T = \frac{Q}{C_{\mathrm{p}}m} \tag{3-100}$$

式中:Q 为散热量;C_{p} 为冷却液的比热;m 为质流比。

最常使用的冷却液是水,与其他冷却液相比,水的热传导和比热最高,黏度最低,且水在受到强紫外线辐射时化学性质稳定,是一种使用方便、价格低廉的冷却液,在激光器实验中一般采用蒸馏水或去离子水。

在低平均功率激光器尤其是便携式系统中,有时候利用风冷来冷却。小型轴流或离心风扇能产生气流,原本用于冷却电气设备。冷却激光晶体所需的气流决定于晶体棒吸收的热量和气流方向的最大温差。对于标准的空气（20°,1atm）,得

$$f_v[\text{ltr/min}] = \frac{49P[\text{W}]}{\Delta T[\text{℃}]} \qquad (3-101)$$

式中:f_v 为气流速度;ΔT 为进、出气流的温差,数字因子计入了空气的热特性。

传导冷却系统中,激光棒直接安装在散热器上,激光元件良好的传导冷却要求在激光棒和散热器之间要有良好的热接触。激光棒固定到散热器的方式有机械加固、焊接或粘接。如果激光棒以机械的方式固定到散热器上,在棒与夹具的接合面将出现温度梯度,其值为

$$\Delta T = Q/(hA) \qquad (3-102)$$

3.3.3.3 热效应的减小及补偿[36]

在激光器的发展的过程中,人们采用了大量的技术来减小有害热对激光器正常运行的影响,常采用的方法有:合理设计工作物质的几何形状,采用圆柱棒、管状、板条、盘片、光纤等以利于有效散热;受激布里渊散射相位共轭镜、变形镜等矫正光束畸变;退偏补偿、热损耗再利用等提高输出功率;合理的腔型设计以补偿热影响;通过合理设计工作物质的掺杂浓度、入射光的泵浦强度和分布等使激光工作物质达到温度分布尽量均匀的目的。

采用板条状几何形状固体激光器的基本物理思想是利用介质的几何对称性和之字形光路补偿热效应,并实现均匀面泵浦和均匀面冷却。如前所述,当板条介质的宽厚比大于 3 和宽度方向边界绝热时,板条的热性能优于圆柱棒。将端面磨成布儒斯特角,使激光在板条内以之字形光路内反射式传输时,光束的不同部分在厚度方向上都以同样方式经历温度分布的各个区域。而在宽度方向,因绝热边界条件温度分布是均匀的,所以在理想情况下,因厚度方向非均匀温度分布引起的一阶热效应得以消除,板条激光器能在仅受材料应力断裂极限所限制的高功率水平下工作。

将棒状介质的内部挖空成为管状激光器,通常管壁厚度远小于直径,内外面同时冷却,使冷却面增大,热效应减小,且具有很好的机械稳定性。

修磨激光棒的端面可以补偿热透镜效应。对于在工作时呈热透镜效应的介质,将激光棒的两个端面磨成曲率半径匹配的凹面。为实现对热透镜效应的动态补偿,可使用基模动态热稳定腔,在一定泵浦功率范围内,输出光束远场发散角等参数不随泵浦参数变化,或者变化甚小。

可以用偏振旋转方法使沿棒的方向和切向偏振分量的光通过棒和光学元件后有相同的相位延迟,以此来补偿热致应力双折射和退偏效应。

目前固体激光器的热管理技术已经发展得比较成熟,能满足大多数实际的应用需要,但在太阳光激光器方面,散热技术仍然限制了其发展。

3.3.4 含热透镜的谐振腔设计

晶体的热透镜效应影响到激光器性能的各个方面,包括谐振腔的稳定性、谐振腔模体积、模式匹配程度、输出光束质量等,是设计激光器系统时需要考虑的因素之一。前面几节已经对晶体的热透镜焦距进行了分析计算,本节将对含有热透镜的谐振腔进行设计,主要是输出镜的曲率和腔长的优化选择。

3.3.4.1 等效谐振腔理论分析

激光晶体位于谐振腔内,晶体长为 l,折射率为 n_0,晶体距前后腔镜的距离分别为 d_1,d_2。晶体产生的热透镜效应在谐振腔中相当于一个等效凸透镜的作用,设该透镜焦距为 f,主面到晶体端面的距离为 h,则有[37]

$$h = \frac{b}{2n_0}\tan\frac{l}{b} \qquad (3-103)$$

式中:b 为输入泵浦功率的函数,引入常数 c,可描述为 $b^2 = cP_{in}^{-1}$,P_{in} 为泵浦激光功率,由于热透镜焦距一般都远大于晶体长度,则上式可简化为

$$h = \frac{l}{2n_0} \qquad (3-104)$$

则如图 3-14(a)所示的谐振腔可以等效为图 3-14(b)所示的含薄透镜的激光谐振腔。

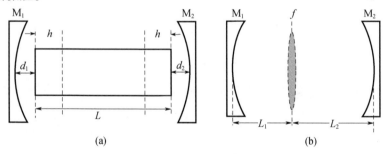

(a)   (b)

图 3-14 谐振腔的等效图

(a)含激光晶体的谐振腔;(b)包含热透镜的等效谐振控。

腔内变换矩阵为

$$\begin{bmatrix} a & b \\ c & d \end{bmatrix} = \begin{bmatrix} 1 & L_2 \\ 0 & 1 \end{bmatrix} \begin{bmatrix} 1 & 0 \\ -\dfrac{1}{f} & 1 \end{bmatrix} \begin{bmatrix} 1 & L_1 \\ 0 & 1 \end{bmatrix} \qquad (3-105)$$

则

$$a = 1 - \frac{L_2}{f}; b = L_1 + L_2 - \frac{L_1 L_2}{f}; c = -\frac{1}{f}; d = 1 - \frac{L_1}{f}$$

$$L_1 = d_1 + h = d_1 + \frac{l}{2n_0}; L_2 = d_2 + h = d_2 + \frac{l}{2n_0}$$

该谐振腔的有效腔长为

$$L' = L_1 + L_2 - \frac{L_1 L_2}{f}$$

激光束在腔内往返一次的连续变换矩阵为[38,39]

$$\begin{bmatrix} A & B \\ C & D \end{bmatrix} = \begin{bmatrix} 1 & 0 \\ -\frac{2}{R_1} & 1 \end{bmatrix} \begin{bmatrix} d & b \\ c & a \end{bmatrix} \begin{bmatrix} 1 & 0 \\ -\frac{2}{R_2} & 1 \end{bmatrix} \begin{bmatrix} a & b \\ c & d \end{bmatrix} \qquad (3-106)$$

式中

$$A = ad + b\left(c - \frac{2a}{R_2}\right); B = bd + b\left(d - \frac{2b}{R_2}\right); C = a\left(c - \frac{2d}{R_1}\right) + \left(a - \frac{2b}{R_1}\right)\left(c - \frac{2a}{R_2}\right);$$

$$D = b\left(c - \frac{2d}{R_1}\right) + \left(a - \frac{2b}{R_1}\right)\left(d - \frac{2b}{R_2}\right)$$

腔内自再现模实现的条件是

$$q = \frac{Aq + B}{Cq + D} \qquad (3-107)$$

解该方程,可得谐振腔稳定性判据为

$$\left(\frac{D+A}{2}\right)^2 \leqslant 1 \ \ \text{或} \ 0 \leqslant G_1 G_2 \leqslant 1 \qquad (3-108)$$

式中:$G_1 = a - \frac{b}{R_1}, G_2 = d - \frac{b}{R_2}$ 称为谐振腔的 G 参数。

反射镜 M_1, M_2 处的光斑半径分别为

$$\omega_1{}^2 = \frac{\lambda L'}{\pi}\left(\frac{G_2}{G_1(1 - G_1 G_2)}\right)^{1/2} \qquad (3-109a)$$

$$\omega_2{}^2 = \frac{\lambda L'}{\pi}\left(\frac{G_1}{G_2(1 - G_1 G_2)}\right)^{1/2} \qquad (3-109b)$$

所用谐振腔的腔形为平凹腔,即反射镜 M_1 的曲率半径 $R_1 = \infty$,因此高斯光束的束腰半径在 M_1 处,热透镜处的光斑半径为

$$\omega_f^2 = \omega_1^2\left[1 + \left(\frac{\lambda L_1}{\pi \omega_1^2}\right)^2\right] \qquad (3-110)$$

3.3.4.2 谐振腔参数的分析选择

根据太阳光泵浦激光器的特点,谐振腔的腔型应该满足下面条件:

（1）增益介质内模体积尽可能大；

（2）满足热稳定条件；

（3）腔长不应过长。

根据上述要求，增益介质内模体积尽可能大，即需要增益介质内的光斑尽可能大。我们通过设定不同曲率半径和不同腔长，对光斑半径进行了计算，增益介质内的光斑以热透镜处的光斑来近似。在已知热透镜焦距的情况下，通过对热透镜处光斑半径随腔长变化情况以及是否满足腔稳定性的分析判断，即可选择合适的输出镜和腔长。

图 3-15 示出了不同腔长下热透镜处光斑半径与 $(A+D)/2$ 参数随输出镜曲率半径变化曲线。分析该图可知，输出镜曲率半径越大，腔内热透镜处的光斑半径越大，表明模体积越大，模式匹配程度越高；当曲率半径较小时，谐振腔处于不稳定状态，当曲率半径大于 500mm 之后，谐振腔保持一定的稳定性，但是曲率半径越大，谐振腔的灵敏度越大，即光束与输出镜曲率半径中心的对准容限越小，激光器准直时稍微的偏差将对激光器输出产生很大的影响。

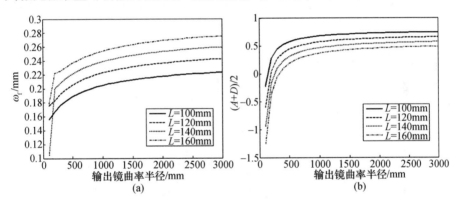

图 3-15　不同腔长下热透镜处光斑半径与 $(A+D)/2$
参数随输出镜曲率半径变化曲线

（a）输出镜曲率半径与光斑半径的关系；（b）输出镜曲率半径与谐振腔稳定性的关系。

参考文献

［1］克希耐尔 W. 固体激光工程［M］. 5 版. 孙文，江泽文，程国祥，译. 北京：科学出版社，2002，14-22.

［2］Wang I H，Lee J H. Efficiency and threshold pump intensity of CW solar-pumped solid-state lasers［J］. IEEE Journal of Quantum Electronics，1991. 27（9）：2129-2133.

［3］Marshall F R，Roberts D L . Use of electro-optical shutters to stabilize ruby laser operation［J］.

Proc. IRE. 1962,50:2108.

[4] Paolo L, Vittorio M, Orazio S. Comparative study of the optical pumping efficiency in solid – state lasers [J]. IEEE Journal of Quantum Electronics, 1985, QE – 21(8):1211 – 1218.

[5] Oliver J R, Barnes F S. A comparison of rare – gas flash – lamps[J]. IEEE Journal of Quantum Electronics, 1969, QE – 5:232 – 237.

[6] Bowness C. On the efficiency of single and multiple elliptical laser cavities[J]. Applied Optics,1965, 4(1): 103 – 107.

[7] Evtuhov V, Neeland J K. Multiple pass effects in high efficiency laser pumping cavity[J]. Applied Optics, 1967, 6(3):437 – 441.

[8] Whittle J, Skinner D R. Transfer efficiency formula for diffusely reflecting laser pumping cavities[J]. Applied Optics, 1966, 5(7):1179 – 1182.

[9] Kalinin Y A, Mak A A. Solid – state laser optical pumping systems[J]. Opt. Tech. ,1970, 37:129 – 139.

[10] Paolo L, Marcello B. Design criteria for mode size optimization in diode – pumped solid – state lasers[J]. IEEE Journal of Quantum Electronic, 1991,27(10):2319 – 2326.

[11] Findlay D, Clay R A. The measurement of internal losses in 4 – level lasers[J]. Physics Letters, 20(3): 277 – 278.

[12] Garrec B J Le, Raze G J, Thro P Y, et al. High – average – power diode array pumped frequency doubled YAG laser[J]. Optics Letters. 1996,21(24):1990 – 1992.

[13] Eggleston J M, Kane T J, Kuhn K J, et al. The slab geometry laser— Part I:Theory[J], IEEE J. Quantum Electron. 1984, QE – 20:289 – 301.

[14] Brown D. Ultrahigh – average – power diode – pumped Nd:YAG and Yb:YAG lasers[J], IEEE J. Quantum Electron. 1997, 33:861 – 873.

[15] Hsu S T. Engineering Heat Transfer[M]. Springer, 1963.

[16] Koechner W. Absorbed pumping power, thermal profile and stress in a CW pumped Nd:YAG crystal[J]. Applied Optics. 1970,9(6):1429 – 1433.

[17] Weber R, Neuenschwander B, Donald M M, et al. Cooling schemes for longitudinally diode laser – pumped Nd:YAG rods[J]. IEEE Journal Of Quantum Electronics,1998,34(6):1046 – 1052.

[18] Devor D P, DeShazer L G. Evidence of Nd:YAG quantum efficiency dependence on nonequivalent crystal field effects[J]. Optics Communications, 1983,46(2):97 – 102.

[19] Fan T Y. Heat generation in Nd:YAG and Yb:YAG[J]. IEEE Journal Of Quantum Electronics, 1993,29 (6):1457 – 1459.

[20] Kaminskii A A, Laser Crystal[M]. Berlin:Springer – Verlag,1981.

[21] 刘振宇,吕秀凤,李莉. 有限元法数值试井分析中第三类边界条件的处理方法[J]. 水动力学研究与进展,2009,24(3):273 – 277.

[22] Burden R L, Faires J D. 数值分析[M]. 7 版,影印版. 北京:高等教育出版社,2001:726 – 739.

[23] Koechner W. Thermal lensing in a Nd:YAG laser rod[J]. Applied Optics, 1970, 9(11):2548 – 2553.

[24] MacDonald M P, Graf T, Balmer J E, et al. Reducing thermal lensing in diode – pumped laser rods[J]. Optics Communications, 2000,178(2000):383 – 393.

[25] 余锦,檀慧明,钱龙生,等. 纵向泵浦固体激光介质热透镜效应的理论研究[J]. 强激光与粒子束, 2000,12(1):27 – 31.

［26］ Farrukh U O, Buoncristiani A M, Byvik C E. An analysis of the temperature distribution in finite solid – state laser rods［J］. IEEE Journal of Quantum Electronics,1988,24(11):2253 – 2263.

［27］ Pfistner C, Weber R, Weber H P, et al. Thermal beam distortions in end – pumped Nd: YAG,Nd:GSGG, and Nd:YLF rods［J］. IEEE Journal of Quantum Electronics. 1994,30(7):1605 – 1615.

［28］ Innocenzi M E, Yura H T, Fincher C L, et al. Thermal modeling of continuous – wave end – pumped solid – state lasers［J］. Appl. Phys. Lett. 1990,56(19):1831 – 1833.

［29］ 陈子伦. 晶体中的热透镜效应数值模拟［D］. 长沙:国防科技大学,2004.

［30］ Koechner W, Rice D K. Effect of Birefringence on the Performance of Linearly Polarized YAG :Nd Lasers ［J］. IEEE Journal of Quantum Electronics. 1970, QE – 6(9):557 – 566.

［31］ Cousins A K. Temperature and thermal stress scaling in finite – length end – pumped laser rods［J］. IEEE Journal of Quantum Electronics, 1992,28(4):1057 – 1069.

［32］ 张腊花,王晓敏,马明俊. LD泵浦固体激光器特透镜效应及优化设计的分析［J］. 量子电子学报, 2005,22(6):855 – 858.

［33］ 克希耐尔 W. 固体激光工程［M］. 孙文,江泽文,程国祥,译. 北京:科学出版社,2002:364.

［34］ 吕百达. 固体激光器件［M］. 北京:北京邮电出版社,2002.

［35］ 周寿恒. 固体激光器中的热管理［J］. 量子电子学报,2005,22(4):497 – 509.

［36］ 田国周. 高能量固体激光器热管理技术分析［D］. 成都:四川大学,2006.

［37］ Vittorio M. Resonators for solid – state lasers with large – column fundamental mode and high alignment stability［J］. Applied Optics, 1986, 25(1):107 – 117.

［38］ 汪莎,刘崇,陈军,等. 固体激光器腔型结构对热透镜焦距测量的影响［J］. 中国激光,2007,34(10): 1431 – 1435.

［39］ 蔡军,张晓娟,徐涛. 热透镜效应对固体激光器输出影响研究［J］. 光电技术应用,2007,26(1):15 – 17.

第4章
太阳光汇聚系统设计

完整的太阳光泵浦激光器系统应由三大部分组成：太阳光汇聚系统、激光器系统和太阳自动跟踪系统，前面主要以典型的 Nd:YAG 固体激光器为例对激光器系统进行了研究，本章将对太阳光汇聚系统进行讨论。

太阳光汇聚系统是太阳光泵浦激光器系统中的关键部分，它决定了激光器能否获得激光输出和输出功率的大小。高效廉价的汇聚系统是太阳光泵浦激光器追求的目标，对空间中的应用来说，体积和重量也是不可忽视的因素。用菲涅尔透镜作为汇聚系统，在此基础上研究折射式汇聚方式的太阳光泵浦激光器汇聚系统。

4.1 菲涅尔透镜设计

1822 年，法国物理学家 Augustin Jean Fresnel 发明了菲涅尔透镜，它采用多个同轴排列或者平行排列的棱镜序列组成不连续曲面取代一般透镜的连续曲面。与传统的球面或非球面透镜相比，由于菲涅尔透镜采用多个同轴排列或平行排列的棱镜序列组成不连续曲面取代了一般透镜的连续球面，因此，菲涅尔透镜结构简单，便于制造，在重量和体积上比一般透镜更轻、更薄，在设计上可以获得更大的相对孔径。虽然菲涅尔透镜最初主要是为灯塔上的探照灯而设计，但目前菲涅尔透镜在投影仪、大屏幕背投电视、便携式放大镜、太阳能热水器、太阳能电站以及空间飞行器的太阳能帆板等众多领域获得了广泛的应用。

事实上，菲涅尔透镜是从球面透镜发展而来的一种平面透镜。根据菲涅尔的理论，如图 4 - 1 所示，可以将球面透镜视作由若干非连续的分体所构成，将各个分体间多余部分挖掉，且保持其原有的曲率不变，这样它们对光线的偏转作用不产生影响。然后将分割的各个剩余部分拉直放平重新排列在与主光轴垂直的共同基面上，这样光学元件仍可以保持其聚焦特性。这就构成新型的光学元件——菲涅尔透镜。

图4-1所示传统光学曲面透镜是连续的曲面,然而起到作用的仅仅是其曲率,故而只有曲面才能起到汇聚光线和成像的作用,也就是图中可只保留突起部分,其他可以除去。同样经过进一步简化发展,可以将有效的突起曲面延伸拉直放平,从而形成菲涅尔透镜[1]。

经过如此发展,菲涅尔透镜更加便于制造,节省了材料、空间,聚焦比、聚光效率有所提高,适应能力更强。

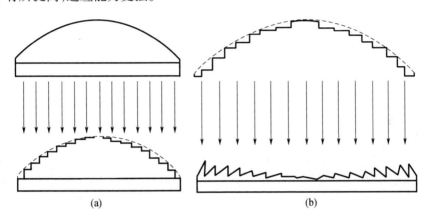

(a)　　　　　　　　　　(b)

图4-1　菲涅尔透镜演化原理图

国内外对菲涅尔聚光器研究非常多,菲涅尔透镜的发展也越来越复杂,应用功能各异,各种分类都不尽相同:有透射型的,有反射型的;有平板型的,有弧型的;有单焦点的,有多焦点的等等不一而足。其中透射型、平板型、单焦点菲涅尔聚光器适用于太阳光泵浦激光器。我们着重研究用于太阳光泵浦激光器的点汇聚型菲涅尔透镜的设计方法,并探讨了适合此类应用的菲涅尔透镜最优设计。

4.1.1　菲涅尔透镜设计原理

点汇聚型菲涅尔透镜是一面为光滑平面,另一面刻一系列环形小棱镜构成的平板薄片透镜,如图4-1所示。各环形小棱镜的作用近似于光学凸透镜的二次曲面,平行于光轴的光线入射到菲涅尔透镜镜面,由于棱镜的折射作用,光线方向发生偏折,通过合理地设计各个小棱镜的顶角,使得入射的光线经折射后汇聚,起到汇聚透镜的作用。

菲涅尔透镜有两种聚光方式。将刻有环形小棱镜的一面称为凹槽面,其朝向入射光线,相对于汇聚方向朝外的汇聚方式称为凹槽面朝"外"汇聚方式;凹槽面背对入射光线,相对于汇聚方向朝内的汇聚方式称为凹槽面朝"内"汇聚方式。两种汇聚方式的不同导致菲涅尔透镜各小棱镜顶角的设计不同。图4-2为点汇聚型菲涅尔透镜的汇聚光线示意图。

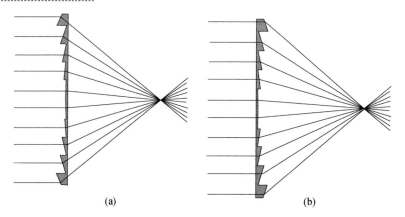

图 4 - 2　菲涅尔透镜汇聚光线示意图

(a)凹槽面朝"外";(b)凹槽面朝"内"。

1. 凹槽面朝"外"

图 4 - 3 为第 i 个环形棱镜横截面的放大示意图。I 表示平行于光轴通过棱镜的入射光线,出射光线经过棱镜折射后产生偏折,交于焦点 F,θ_i 为第 i 个小棱镜的顶角,L 为棱镜宽度,也即环距,h_i 为棱镜高。第 i 个小棱镜偏折角 ω_i 与焦距 f 的关系为

$$\tan\omega_i = iL/f \qquad\qquad (4-1)$$

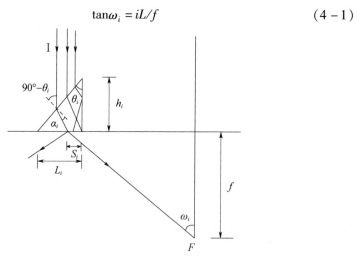

图 4 - 3　凹槽面朝"外"菲涅尔透镜局部放大图

根据折射定律,有以下关系:

$$\sin(90° - \theta_i) = n\sin\alpha_i$$
$$n\sin(90° - \theta_i - \alpha_i) = \sin\omega_i \qquad\qquad (4-2)$$

由此可得出偏折角 ω_i 与小棱镜顶角 θ_i 的关系:

$$\omega_i = \arcsin\left\{n\cos\left[\theta_i + \arcsin(\cos\theta_i/n)\right]\right\} \tag{4-3}$$

2. 凹槽面朝"内"

图 4-4 为第 i 个环形棱镜横截面的放大示意图。根据折射定律：

$$n\sin(90° - \theta_i) = \sin(90° - \theta_i + \omega_i) \tag{4-4}$$

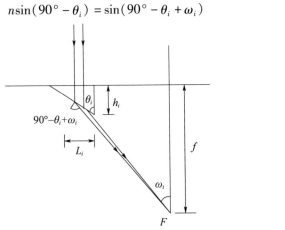

图 4-4　凹槽面朝"内"菲涅尔透镜局部放大图

偏折角与小棱镜顶角关系为

$$\omega_i = \theta_i - \arccos(n\cos\theta_i) \tag{4-5}$$

依据角度关系式(4-3)、式(4-5)，根据不同的焦距要求，合理地设计环形棱镜宽度、高度，即可设计满足不同要求的菲涅尔透镜。

4.1.2　点汇聚型聚光透镜模型

点汇聚型聚光镜汇聚太阳光原理如图 4-5 所示。

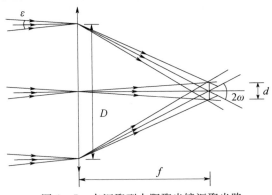

图 4-5　点汇聚型太阳聚光镜汇聚光路

图 4-5 中，D 为聚光透镜口径，f 为透镜焦距，ε 为太阳光发散角。由几何关系，得到焦斑直径 d 与焦距 f 的关系式为

$$d = f\varepsilon \tag{4-6}$$

假设透镜通光面积以 S_1 表示,汇聚后焦斑面积以 S_2 表示,P 为进入整个系统的太阳光总功率,聚光镜的功率密度汇聚倍数 K 可表示成

$$K = \frac{\dfrac{P\eta}{S_2}}{\dfrac{P}{S_1}} = \frac{S_1\eta}{S_2} = \frac{\pi\dfrac{D^2}{4}\eta}{\pi\dfrac{d^2}{4}} = \frac{D^2\eta}{(f\varepsilon)^2} = \frac{1}{\varepsilon^2}\left(\frac{D}{f}\right)^2\eta \tag{4-7}$$

式中:η 为透镜的汇聚效率。可以看出,聚光透镜的汇聚倍数 K 与透镜相对孔径 (D/f) 和透镜的汇聚效率 η 有关。

4.1.3 太阳光泵浦激光器的菲涅尔透镜设计分析

由上述模型分析,太阳光泵浦激光器汇聚的菲涅尔透镜需满足以下要求:①通光面积尽量大,接收的总功率至少大于激光器的阈值泵浦功率;②透镜相对孔径 (D/f) 尽可能大;③透镜的汇聚效率高。实际的光学系统中,大相对孔径与高汇聚效率往往不能同时保证,需要设计一个最佳的相对孔径值,满足较高的汇聚效率。

1. 聚光方式的选择

根据式(4-3)和式(4-5),对于不同的棱镜顶角,两种聚光方式小棱镜顶角 θ 与对应的偏折角 ω 关系如图4-6所示。

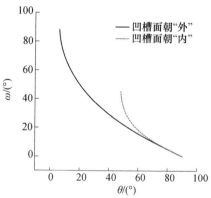

图4-6 两种聚光方式小棱镜顶角 θ 与对应的偏折角 ω 关系

由图4-6分析,根据小棱镜顶角 θ 与偏折角 ω 的关系,对于凹槽面朝"内"聚光方式,偏折角 ω 存在一个极值,说明该汇聚方式下,相对孔径 (D/f) 存在一个最大值,超过此值的菲涅尔透镜无法设计制作;对于凹槽面朝"外"聚光方式,最大偏折角接近90°,理论上相对孔径可以设计成无穷大,只是当偏折角接近最大值时,入射光线偏离光轴平行度的微小误差将导致偏折角的很大误差。

对于太阳光泵浦激光器的菲涅尔透镜,要求较大相对孔径的透镜,所以选取凹槽面朝"外"的聚光方式。

2. 菲涅尔透镜的汇聚损耗

菲涅尔透镜的汇聚损耗主要为材料的透过损耗和环形小棱镜对入射光线产生的部分的"阻挡"而形成的非汇聚区。环形小棱镜对入射光线的"阻挡"导致入射光线一部分朝汇聚相反方向出射,未能汇聚到焦点上。图4-3中示出了棱镜"阻挡"光线的情况。s_i 部分为第 i 个小棱镜的非汇聚区,入射光线在该区域内经多次折射而不能汇聚到焦点。由几何关系可得到以下关系式:

$$s_i = h_i \sin\theta_i \cos(\theta_i + \alpha_i) / \cos\alpha_i \tag{4-8}$$

非汇聚区的存在使透镜不同半径处的汇聚效率不同。计算表明,环形棱镜的偏折角 ω_i 越大,非汇聚区的面积也越大,汇聚到焦斑的光线减少,导致汇聚效率的下降。图4-7为不同口径、不同相对孔径之间的菲涅尔透镜汇聚效率沿透镜径向方向变化的情况。

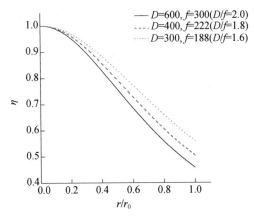

图4-7 菲涅尔透镜汇聚效率沿径向变化关系

可见,相对孔径(D/f)越大,透镜边缘的汇聚效率越低,从而影响了整个透镜的汇聚效率。这就是大相对孔径与高汇聚效率不能同时保证的原因。

3. 菲涅尔透镜的设计参数

菲涅尔透镜环形小棱镜具有一定的宽度,透过的光束汇聚后增大了焦斑的尺寸。图4-8为光束汇聚形成一定尺寸的示意图。

由几何关系,第 i 个光束汇聚形成的尺寸为

$$h_i = (L - s_i) / \cos\omega_i \tag{4-9}$$

由于光束具有一定宽度,形成的焦斑大小发生一定的变化,以 d' 表示汇聚光斑的直径,以 $\bar{h}$ 表示光束汇聚后的平均宽度,汇聚焦斑的直径修正为

$$d' = d + \bar{h} \tag{4-10}$$

式(4-10)说明由于菲涅尔透镜的环形小棱镜宽度的存在,导致焦斑边缘形成一定尺寸的光晕,减小了焦斑的"像对比度",增大了焦斑的尺寸。

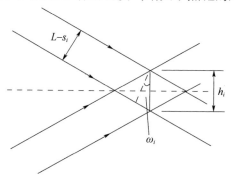

图 4-8　环形光束汇聚示意图

菲涅尔透镜结构的特殊性,使得每个环形小棱镜的汇聚效率不同,远离透镜中心的环形小棱镜偏折角大,汇聚效率低。以 P_1 表示汇聚前的太阳光功率密度,P_2 表示汇聚后焦斑功率密度,功率密度汇聚倍数为

$$K = \frac{P_2}{P_1} = \frac{P_1 \sum\limits_{i=0}^{N} (S_i \eta_i)/S_2}{P_1} = \frac{\sum\limits_{i=0}^{N} (S_i \eta_i)}{S_2} = \frac{\sum\limits_{i=0}^{N} (S_i \eta_i)}{\pi \dfrac{d'^2}{4}} = \frac{\sum\limits_{i=0}^{N} (S_i \eta_i)}{\pi \dfrac{(f\varepsilon + \bar{h})^2}{4}}$$

$$\tag{4-11}$$

式中:$P_2 = P_1 \sum\limits_{i=0}^{N} (S_i \eta_i)$ 为焦斑的汇聚功率;S_i 为第 i 个环形小棱镜的接收光面积,其与透镜口径 D 及环距 L 的关系式为

$$S_i = \pi \left\{ \left(\frac{D}{2} - iL\right)^2 - \left[\frac{D}{2} - (i+1)L\right]^2 \right\} = \pi [D - (2i+1)L]L \tag{4-12}$$

图 4-9 示出了不同口径的菲涅尔透镜相对孔径与焦斑汇聚功率的变化关系,图 4-10 示出了不同口径、不同环距的菲涅尔透镜相对孔径与汇聚倍数的变化关系。

从图 4-9、图 4-10 可以看出,透镜的口径越大,汇聚的功率越高;相同口径的情况下,相对孔径大的透镜汇聚倍数高,即焦斑的功率密度高,但是总的汇聚功率减小,这是由于相对孔径较大时,透镜边缘偏折角较大的环形小棱镜的光汇聚效率低,导致整个透镜汇聚的功率减小。另外,菲涅尔透镜的环距对汇聚倍数也有影响,口径相同情况下,环距小的透镜汇聚倍数大,原因是小环距的透镜非汇聚区面积小,汇聚效率高。太阳光泵浦激光器的运转需要满足汇聚焦斑功率大于激光阈值功率和高泵浦功率密度两个条件,综合考虑汇聚总功率和汇聚倍数两个因素,合理选择菲涅尔透镜口径、相对孔径以及环距这三个参数,可以设计用于太阳光泵浦激光器的菲涅尔透镜。

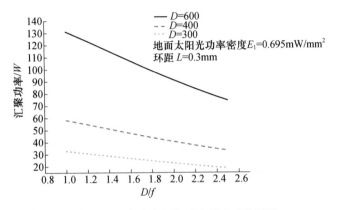

图 4-9　汇聚功率与相对孔径 D/f 关系图

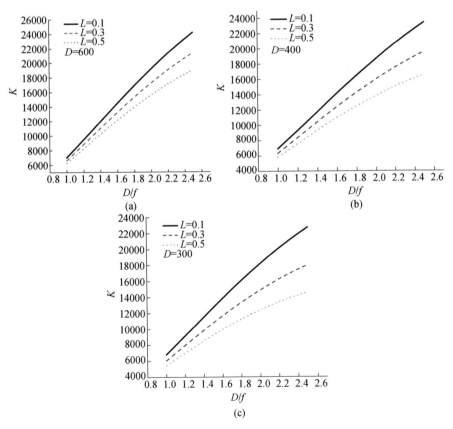

图 4-10　不同口径菲涅尔透镜汇聚倍数 K 与相对孔径 D/f 关系图

4.1.4 菲涅尔透镜材料与工艺介绍

菲涅尔透镜的棱形槽一般为每 1 毫米 2～8 个槽,精密型的可达到每 1 毫米 20 个槽左右。这对其材料和加工工艺有很高的要求。

1. 材料选择

菲涅尔透镜作为一种聚光器,其用途与加工过程对材料选择有很多要求:①具有较好的光学性能,反射率或透射率一般要在 85% 以上,色散小,光学均匀性和一致性好;②具有足够的刚度和强度;③具有良好的抗疲劳能力,以保证机械结构在反复交变工作条件下的寿命等[2]。特殊用途的菲涅尔透镜还有其他要求,如耐高、低温范围宽,收缩率和线膨胀系数小,密度低,具有较高的抗紫外辐射、抗高能粒子辐射和抗原子氧侵蚀的性能等。

能完全满足上述要求的光学材料是难找的,只能通过对主要性能的分析比较折衷考虑,或者针对某些尚不满足的性能采用辅助方法加以改善。例如,采用表面镀无机 SO_2 纳米膜以提高透射率和增强抗原子氧、抗紫外线辐射的能力[3]。

可用于制作菲涅尔透镜的光学材料主要有光学玻璃、光学塑料和透明橡胶三类。光学玻璃由于质脆、密度高和难成型,一般不使用。光学塑料已开发上百个品种,但可用作透镜的品种并不多,其中国产材料主要有 PMMA(聚甲基丙烯酸甲酯,又称有机玻璃)、PS(聚苯乙烯)、PC(聚碳酸酯)、CR – 39(烯丙基二甘醇聚碳酸酯)、SAN(苯乙烯丙烯腈)、LH(丁苯树脂)和 EA 光学塑料,除 CR – 39 是热固性塑料外,其余均属热塑性塑料[4]。

目前国内外制作菲涅尔透镜最常用的光学塑料是 PMMA。这种塑料最突出的优点是透射率高,耐气候性优(20 年裸露室外性能基本不变),容易模塑(用注射成型或热压成型)和机械加工,质量轻,成本低[4],但它的抗辐射剂量损伤阈值较低,热变形温度低,质脆,故难以在空间应用。另外,几种透明橡胶有可能用来做菲涅尔透镜[4]。

2. 菲涅尔透镜加工工艺

在点聚焦系统中,菲涅尔透镜的设计仍然为有着悠久历史的球面同心圆环设计,但其非螺旋面的设计上有了较大的改变,从以前的平面设计成了圆弧面,这样的设计有利于提高透镜的刚度,防止透镜变形。

近年来,在微电子技术、计算机技术、信息工程和材料工程等高新技术的推动下,传统的光学制造技术得到了飞速发展,加工设备的数控化、智能化程度不断提高,使光学加工技术向多元化、自动化、柔性化方向发展。在 20 世纪 80 年代以后,不断出现许多新的透镜超精密加工技术,基本上解决了各种透镜加工中的问题,且已经成功地应用于各种非球面透镜和反射镜的生产中,进入了实际应用阶段。以美国为首的一些发达国家利用数控加工技术及在线测量技术已经实现了大口径透镜的镜面加工,最大加工直径达4m,面形精度20nm(RMS)。目前国际上先进国家常用的大型透镜超精密数控加工技术有:超精密数控研抛加工技术(CCOP)、超精密磨削加工技术、超精密车削加工技术等[5]。国外加工大型非球面的各种工艺、加工软件已处于比较成熟阶段,从单件到大批量都能加工,精度、效率都很高,但关键技术是封锁的。

大型菲涅尔透镜加工难度高,只有美国、日本等发达国家掌握其加工的关键技术和设备。

目前大尺寸菲涅尔透镜通常采用同心环细齿沟槽形式,在进行金刚石车削加工时,由于透镜单元之间的节距很小,无法按照一般零件表面加工的方式进行刀尖单点连续加工,需要采用刀具切削刃对透镜每个单元表面一次成型加工。刀尖轨迹由一簇同心圆构成,相互之间不断续,且透镜单元的数量众多,需要机床进行成千上万次的退刀、进刀,致使金刚石刀具破损严重、寿命降低,而且每个环带需逐步进刀多圈切削,总加工路径极长,效率低下;同时每个透镜单元的倾斜角都不一致,两相邻单元一般会有1″~10″的差距,需对转轴进行微调。国内技术难以保证其加工精度和效率,为了回避以上问题,国内报道的大型菲涅尔透镜设计方案皆是 Archimedes 螺线式[5,6]。图 4-11 为 Archimedes 螺线定义,其中 l 为螺距,θ 为画线方向。

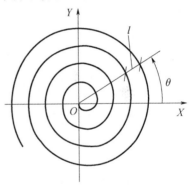

图 4-11　Archimedes 螺线定义

采用 Archimedes 螺线式加工方式能够有效地降低对加工机床精度的要求,提高加工效率,而且理想情况下其光学效率略有提高,随着菲涅尔透镜的半径增大效果更明显[7]。

4.2　第二级汇聚系统的设计

4.2.1　第二级汇聚元件的选择

太阳光经过菲涅尔透镜汇聚之后,只在焦点处形成一个较小的光斑,对于常见的棒状激光工作物质,只有工作物质前端一小部分能被太阳光泵浦,因此,为进一步增大耦合到工作物质的泵浦功率,需要对经第一级汇聚后的太阳光进一步汇聚,即需要第二级汇聚系统将经菲涅尔透镜汇聚之后的太阳光进行再汇聚。

作为第二级汇聚系统,可选择的器件主要有三种:复合抛物面型聚光器

（CPC）、光锥聚光器和常规透镜。其中,复合抛物面型聚光器和光锥聚光器为反射型器件,常规透镜为折射型器件。折射型的第二级聚光器件,其再聚焦的效果相当于将第一级汇聚的光斑成更小尺寸的实像。太阳光经过菲涅尔透镜汇聚后焦斑的发散角较大[8],从成像的角度看,在很大视场角的范围内将实物成较理想的实像,几乎是不可能的。其实际成像的效果是只对较小视场角的光线成像,边缘的像差非常大,意味着汇聚效率低。因此,第二级汇聚一般选择非成像的反射型器件。

CPC 聚光腔和光锥聚光腔是典型的非成像反射型器件[9-11],为了在两者之间选择一种合适的器件作为太阳光泵浦激光器的第二级汇聚系统,我们用 Tracepro 软件建模仿真,利用软件的光线追迹功能来分析它们的聚光性能,评价指标是聚光腔轴线上光强大小以及光强分布的均匀性。

光线追迹可分为序列性描光和非序列性描光。

序列性描光(Sequential Ray Tracing)如图 4-12 所示。这种描光方式是以表面为单位,光线从表面 1 到 2、…、7 会依顺序做计算,而不会从 2 到 6 到 3 到 1…做计算。序列性描光的优点是光线在一个表面只做一次计算,软件模拟速度快,可以做优化、公差分析;缺点是无法追迹所有可能的光路径,常用在成像系统中作透镜的设计。

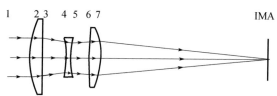

图 4-12　序列性描光的光路运行图

非序列性描光(Non-Sequential Ray Tracing)如图 4-13 所示。这种描光方式是以三维物体为基础,利用蒙特卡罗(Monte Carlo)方法做计算。

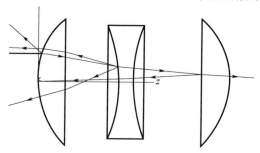

图 4-13　非序列性描光的光路运行图

Monte Carlo 方法是以概率和统计的理论、方法为基础的一种计算方法,它将所求解的问题与一定的概率模型相联系,用计算机实现统计模拟或抽样,以获得问题的近似解,故又称统计模拟方法或统计实验方法。每次当一条光线打到一个表面上,其吸收、反射及该表面的透过系数都是作为概率来计算的,由概率权重选择该光线的轨迹。非序列描光的优点是接近真实世界,缺点是光线数过多且变量也较复杂,所以无法优化设计,且运算时间较长[12]。

Tracepro 光线追迹软件就是运用非序列描光方式来进行光线追迹,因此能够比较真实地模拟聚光腔内光线的运行情况。

图 4 - 14 为两种聚光腔的 Tracepro 软件建模图,其中图 4 - 14(a)为锥形聚光腔的模拟腔型,图 4 - 14(b)为 CPC 聚光腔的模拟腔型,模拟时两者所用的入射光源相同,光源光斑直径约为 10mm,CPC 和光锥的入射、出射口径及长度均相同,分别设为 ϕ40mm,ϕ20mm,100mm,腔内表面设置为理想的全反射状态。

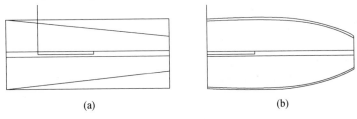

(a)   (b)

图 4 - 14 聚光腔建模图

(a)锥形聚光腔;(b)CPC 聚光腔。

软件模拟所得的两类聚光腔在各自轴线上的功率分布曲线对比图如图 4 - 15 所示。从图中看出,对于 CPC 聚光腔,在轴线上的光功率分布很不均匀,虽然最大泵浦强度是锥形腔的 5 倍左右,但是由于泵浦强度分布的不均匀性,会在整个激光棒内产生显著的温度梯度和不均匀的增益系数分布,导致诸多热效应问题,降低激光器的输出特性[13]。而对于 Weizmann 科学研究所提出的三级汇聚,即 3D - CPC 与 2D - CPC 相结合使用作为汇聚系统这一方案,对系统的稳定度要求较高且机械

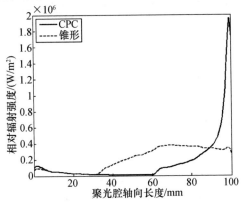

图 4 - 15 CPC 聚光腔和锥形聚光腔内轴上能量分布对比图

结构较复杂,在室外实验时不易实现,锥形聚光腔的结构就相对简单且稳定度较高。因此,在比较之后,我们选择锥形聚光腔作为第二级聚光系统。

根据上述分析,设想的两级聚光系统的整体结构如图 4 - 16 所示。

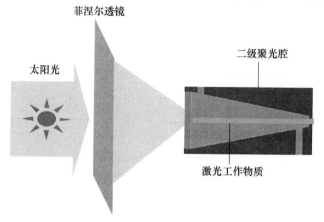

图 4 - 16 太阳光泵浦激光器两级汇聚系统示意图

4.2.2 锥形聚光腔的设计

为了最大程度地将太阳光耦合进激光棒,应使太阳光在腔内能够多次往返运行穿过激光棒被充分吸收,同时还应考虑激光棒内光功率分布的均匀性,所以需要合理设计锥形聚光腔的长度和窗口大小,并选择合适的内表面反射材料。

目前制备固体聚光腔有两种不同的工艺:一种是将金属腔直接抛光或者抛光之后再镀上金属膜层而制成反射镜面,称为镜面反射聚光腔;另一种是漫反射聚光腔,即聚光腔为漫反射体,利用漫反射把泵浦光汇聚到激光工作物质上。针对这两种不同聚光腔的汇聚特性,分别通过几何光学理论对聚光腔进行理论计算和光学追迹软件 Tracepro 进行模拟两种方式进行分析,确定最佳的聚光腔几何参数。

4.2.2.1 镜面反射锥形聚光腔的设计

1. 几何光学分析

几何光学理论进行分析的方法为:将连续的入射光源离散化,根据几何光学原理分析每个离散光源发出的光线在聚光腔内的运行特性,求出光线在聚光腔内反射次数与聚光腔各参数(长度,前后窗口)之间的关系,并统计出入射光功率在聚光腔中心轴线上的汇聚分布情况,将所有离散光源进行综合分析,就建立起整个光源在聚光腔内的分布模型。

1）入射光源离散化

我们采用的第一级汇聚系统是尺寸为 1.4m×1.05m、焦距为 1.2m 的菲涅尔透镜,太阳光线经菲涅尔透镜汇聚后聚焦在其焦平面上,二级聚光腔的入射窗口放置在焦点处时光源的利用率最高,因此本书将要模拟的光源为经过菲涅尔透镜汇聚后的聚焦光斑。太阳光发散角为 9.32mrad[14],如图 4-17(a)所示,汇聚后的光斑发散角约为 25°,经计算得光斑大小约为 11.2mm。

实际情况下,由于菲涅尔透镜为由一系列小棱镜构成的平板薄片透镜,不同入射波长的折射率不同,不能汇聚于同一点,因而其焦点为一弥散斑,并且由于菲涅尔透镜薄而轻,导致制造使用上很难保证其平面度,挠曲变形的薄片透镜易造成光线散焦[15],实际测量的菲涅尔透镜聚焦光斑的归一化光强分布如图 4-17(b)所示,光斑的半幅全宽度约为 11mm。

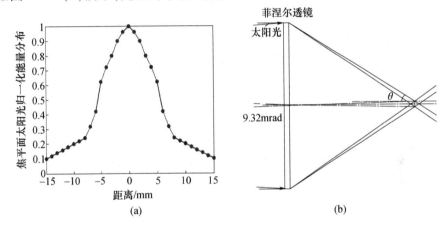

图 4-17　菲涅尔透镜汇聚原理示意图及其汇聚光斑
(a)菲涅尔透镜汇聚原理图;(b)菲涅尔透镜汇聚光斑。

光源的离散化方法为:将汇聚光斑细分为无数个点光源,每个点光源在 -25°~25°角范围内向各个方向发射光线,假设每条光线有相同的能量,即每个点光源的能量相同,则光斑的能量分布由光斑各点处点光源的个数分布来模拟,即光斑中心处能量最高,则该处分布的点光源的密度最大。

2）聚光腔内光线追迹方法

由于汇聚的圆形光斑以及锥形聚光腔都具有对称性,为简化计算过程,取一条直径上的点光源进行分析。点光源发出的光线有成千上万条,对于镜面反射的聚光腔,光线运行的基本原理就是几何光学原理,因此,可先取其中一根光线进行分析计算,进而推广到点光源上所有光线及整条直径上的点光源。

图 4-18 为光线在聚光腔子午面内的光路图,假设坐标轴原点为聚光腔入射窗口中心点,点光源沿着 y 轴分布,z 轴方向为光线入射方向,利用几何关系求解,

可以分别求出光线在聚光腔内的反射次数、光线与 z 轴的相交次数以及相交位置。

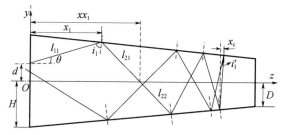

图 4-18   光线在聚光腔子午面内的光路图

这里先设定入射窗口直径为 $2H$，d 为点光源与原点的距离，α 为聚光腔锥度角，θ 为入射光线和聚光腔轴线的夹角，即为入射角。将入射光线标序，记初始入射光线为光线 1，经过反射后的光线依次为光线 $2,3,\cdots$。i_1 为光线 1 与腔壁法线的夹角，角度标号以此类推，入射光线与聚光腔内壁相交点至入射窗口的距离表示为 x_i，$i=1,2,\cdots,n$ 为光线序号；l_{ij} 为从内壁相交点至 z 轴的光线传输距离，i 表示光线序号；xx_i 为入射光线与 z 轴交点至窗口的距离，i 表示交点序号。根据光线传输定律，当经第 n 次反射后的夹角 $i_n > 2\alpha$ 时，光线往前传播，而当 $i_n < 2\alpha$ 时，光线不再往前传播，而是反向传播。

对各光线的计算过程如下：

光线 1：
$$\begin{cases} i_1 = 90° - \theta - \alpha \\ x_1 = \dfrac{H - d}{\tan\alpha + \tan\theta} \\ l_{11} = x_1/\cos\theta \end{cases} \qquad (4-13)$$

光线 2：
$$\begin{cases} i_2 = i_1 - 2\alpha \\ xx_1 = x_1 + (H - x_1\tan\alpha)\tan(i_1 - \alpha) \\ x_2 = \dfrac{(2H - 2x_1\tan\alpha)\tan(i_1 - \alpha)}{1 + \tan\alpha\tan(i_1 - \alpha)} + x_1 \\ l_{21} = (xx_1 - x_1)/\sin(i_1 - \alpha) \\ l_{22} = (x_1 + x_2 - xx_1)/\sin(i_1 - \alpha) \end{cases} \qquad (4-14)$$

光线 3：
$$\begin{cases} i_3 = i_2 - 2\alpha \\ xx_2 = x_1 + x_2 + (H - (x_1 + x_2)\tan\alpha)\tan\gamma \\ x_3 = \dfrac{(2H - 2x_1\tan\alpha - 2x_2\tan\alpha)\tan\gamma}{1 + \tan\alpha\tan\gamma} + x_2 \\ l_{31} = (xx_2 - x_1 - x_2)/\sin\gamma \\ l_{32} = (x_1 + x_2 + x_3 - xx_2)/\sin\gamma \end{cases} \qquad (4-15)$$

其中，$\gamma = i_2 - \alpha = 90° - \theta - 4\alpha$。

由以上分析，对于光线 n，用归纳法可得以下公式：

$$\begin{cases} i_n = i_{n-1} - 2\alpha \\ xx_{n-1} = x_1 + x_2 + \cdots x_{n-1} + (H - (x_1 + x_2 + \cdots + x_{n-1})\tan\alpha)\tan[90° - \theta - 2(n-1)\alpha] \\ x_n = \dfrac{(2H - 2x_1\tan\alpha - 2x_2\tan\alpha - \cdots - 2x_{n-1}\tan\alpha)\tan[90° - \theta - 2(n-1)\alpha]}{1 + \tan\alpha\tan[90° - \theta - 2(n-1)\alpha]} + x_{n-1} \\ l_{n1} = (xx_{n-1} - x_1 - x_2 - \cdots - x_{n-1})/\sin[90° - \theta - 2(n-1)\alpha] \\ l_{n2} = (x_1 + x_2 + \cdots + x_n - xx_{n-1})/\sin[90° - \theta - 2(n-1)\alpha] \end{cases}$$

$$(4-16)$$

光线总的前向传播距离为 $L = x_n$。

光线前向运行截止分为两种条件：①L 大于聚光腔长度，光线从聚光腔后端口逸出；②反射角度小于 2α，光线开始往回传播。

对于逸出情况，由于光线已经离开聚光腔，不用对其考虑。而光线在聚光腔内反向传播时各参数的计算与上述计算相似，不再赘述。

上述光线运行公式为一般公式，对于不用的点光源位置和光线入射角度，光线入射情况各不相同，要根据具体情况进行讨论、求解。

对于太阳光汇聚系统，由于汇聚光源为太阳光，因此光源中各波长具有不同的能量分布，反射面对不同波长和入射角度的反射率不同[16]，在实际计算中，若要考虑聚光腔反射面对入射光线各波长和入射角的反射率需要相当大的计算量，在此，假设太阳光线具有单一波长，将问题简化为聚光腔反射面对所有波长和入射角度具有相同的反射率，对于腔内镀金属膜的情况，上述假设引起的计算误差并不是很大。

根据所建立的光源及聚光腔内光线运行模型，通过光线跟踪计算程序来分析聚光腔各参数与反射次数及轴线上汇聚功率的关系。若要利用几何关系分析计算，首先要满足以下前提假设：①在金属反射面情况下引入的误差可以忽略，光在表面上的反射遵循镜面反射原理。②光线只在子午面内运行。

编制光线跟踪程序的基本思路是：取光斑直径上一系列等间距的点设为点光源，所有点光源发射出的光线发散角范围均为 $0 \sim 25°$，每条光线以一定的角度和位置入射到聚光腔内，由上述公式可计算光线在聚光腔内反射的次数以及光线与 z 轴的交点位置。判断聚光腔能否获得较高汇聚效率，直观上认为与光线在聚光腔内反射次数有关，光线反射次数越多，聚光腔轴线上的汇聚功率越大，汇聚效率越高。

假设每条光线的初始功率，考虑聚光腔内壁的反射率，计算所有光线与 z 轴交点处的能量及位置，可得整个光斑沿聚光腔 z 轴的能量分布。

3）理论计算对聚光腔参数的优化分析

通过分析聚光腔入射窗口、后端口径大小以及聚光腔长度与反射次数的关系来寻找这四者之间的联系。反射次数指的是所有光线在聚光腔内往返运行时与内壁相交的总次数。同时要注意,由于激光工作物质要沿轴线放入聚光腔内,必须保证聚光腔后端口的直径大于工作物质的直径。

图4-19列出了镜面反射聚光腔的理论计算结果。其中图4-19(a)为设定聚光腔入射窗口直径为30mm、长度为100mm时,后端口径大小与反射次数的关系曲线图;图4-19(b)为设定聚光腔长度为100mm、后端口径为6mm时,聚光腔入射窗口直径大小与反射次数关系曲线图;图4-19(c)为设定聚光腔入射窗口直径为30mm、后端直径为6mm时,聚光腔长度和反射次数的关系曲线图。

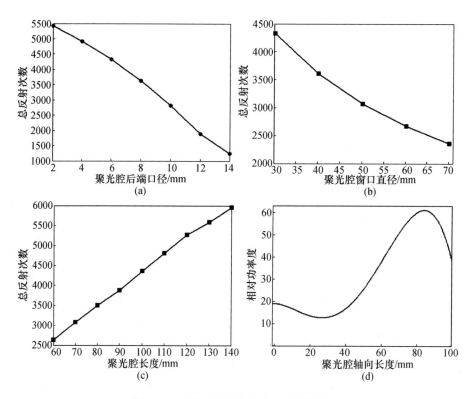

图4-19　镜面反射聚光腔理论计算结果

(a)聚光腔后端口径与反射次数的关系曲线;(b)聚光腔窗口直径与反射次数的关系曲线;

(c)聚光腔长度与反射次数的关系曲线;(d)聚光腔轴向上功率分布曲线。

分析图4-19可知:①后端口径越小,反射次数越多,但是聚光腔后端口直径的最小值应大于等于激光棒直径;②窗口越大,光线在腔内的反射次数越少;

③聚光腔长度与反射次数几乎呈线性关系,聚光腔长度增长,反射次数增多,但在实际应用中激光棒长度有限,太长的聚光腔无实际意义。

以上仅是对反射次数与聚光腔各参数之间关系的分析,对于实际的聚光腔汇聚系统,我们感兴趣的是在聚光腔中心线上(即 z 轴上)的能量汇聚情况,这就要考虑到聚光腔内壁的反射以及腔内的损耗。假设聚光腔内壁镜面反射率为0.95,每条光线的初始功率为 1W,选择聚光腔各项参数为:入射窗口直径为30mm,长度为 100mm,后端口径为 6mm,将聚光腔中心线按单位长度 1mm 进行划分,求出每单位长度内入射光线的汇集功率,即可得相对功率密度,将所有离散结果进行曲线拟合,得聚光腔轴线上功率分布曲线如图 4 – 19(d)所示。由该图可知,镜面反射聚光腔的汇聚功率相对集中于聚光腔后半部分,这将造成激光棒内吸收功率分布不均匀,进而使得激光棒上温度分布不均匀,产生较大的热透镜效应,影响激光输出功率以及光束质量。

2. 软件模拟分析

1)入射光源模拟

实际的太阳光汇聚光斑如图 4 – 17(b)所示,为了尽量接近实际的光斑图形,在 Tracepro 光学模拟软件中建立相似光源作为聚光腔的入射光源,光源由29700 根光线模拟而成,发散角为 25°,其径向光强分布如图 4 – 20 所示,横坐标表示光斑直径,纵坐标表示相对功率密度。

2)光学模拟软件对聚光腔参数的优化分析

将前面建立的光源作为聚光腔模型的入射光源,通过多次重复模拟,建立各参数与聚光腔汇聚功率之间的关系。汇聚功率的具体计算方法为将直径为1mm、长为 0.5mm 的圆柱全吸收体放置在聚光腔轴线上,沿着轴线方向测量每间隔固定长度(5mm)位置的吸收光功率,将所测得的光功率曲线进行拟合积分,即可求得总汇聚功率。

图 4 – 21 为设定聚光腔各参数与理论计算参数相同时,归一化汇聚功率与聚光腔各项参数的关系曲线图。图 4 – 21(a)、(b)分别为聚光腔窗口直径、聚光腔长度与汇聚功率的关系曲线,将这两幅图与图 4 – 19(b)、(c)对比可知,两者的关系曲线的趋势都相同;图 4 – 21(c)、(d)分别为聚光腔入射窗口直径、聚光腔长度与轴向功率分布的关系曲线,这两幅图验证了图 4 – 21(a)、(b)的结果,并细化了聚光腔轴线上功率分布情况,进一步证明镜面反射聚光腔汇聚功率分布的不均匀性。我们注意到,虽然聚光腔长度增长的同时总汇聚功率提高了,但是同时其轴线上单位长度内的功率密度在逐渐减小,可能会导致激光棒内的功率密度低于泵浦阈值功率密度而不能起振,因此,聚光腔长度并不是越长越好,选择时要考虑激光棒上吸收的功率是否达到了泵浦

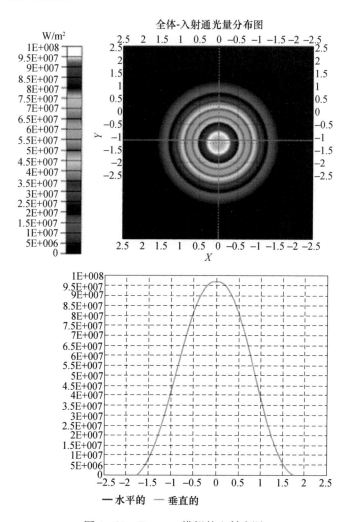

图 4 – 20　Tracepro 模拟的入射光源

阈值功率。对于入射窗口的选择,要考虑到入射光斑的大小,我们所用的模拟光源其95%以上的功率都汇聚于30mm 直径的光斑内,但实际的菲涅尔透镜汇聚光斑,在30mm 直径内的汇聚功率小于95%,因此,合适的入射窗口直径应该在30～40mm。

通过上述对镜面反射聚光腔参数的分析比较,可以发现理论计算与软件模拟的结果基本相同,由此我们认为上述分析可以作为实际聚光腔设计的理论依据。

3）反射材料的选择

物质表面对光波的反射是一个复杂的物理过程。反射光能的多少和反光物

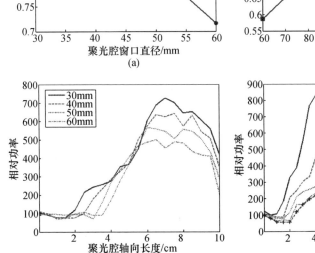
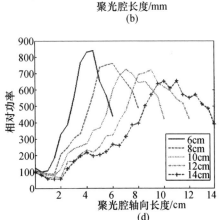

图4-21 软件模拟的镜面反射聚光腔各参数与汇聚功率的关系

(a) 聚光腔窗口直径与汇聚功率的关系曲线; (b) 聚光腔长度与汇聚功率的关系曲线;
(c) 聚光腔入射窗口直径与轴向功率分布的关系; (d) 聚光腔长度与轴向功率分布的关系。

质的种类、表面的光洁度、光波入射角、反射波角度、反射光中偏振成分等量有关。

Nd: YAG 晶体在太阳光波段内有较宽的吸收带宽,特别在红外波段吸收系数较大,因此选择的反射材料应满足以下条件:①反射材料经久耐用,稳定性较好,在水中不易氧化,在长期的使用中反射率变化小。②在 Nd: YAG 吸收光谱区有较大的反射率。

镜面反射器的制作方法可以直接将金属抛光,或在光洁的基底上用化学法或真空蒸镀法镀制金属薄膜,经常使用的薄膜有铝、银、铜、金等。图4-22 为这些金属的反射光谱,金属银在整个可见光谱区都具有大约 80%~90% 的反射率,在紫外波段的反射率就明显下降,但是银膜暴露于大气后,很容易与硫化合生成硫化银使反射镜迅速变黑,反射性能下降;金属铝的反射波段也很宽,但是在红外波段的反射率相对较低;金膜在波长超过 600nm 以后才有较高的反射率,是作为红外反射膜最好的材料,对于连续泵浦的 Nd：YAG 晶体,泵浦多发生在 700~900nm 波段[17]。单从图中各金属反射率大小进行分析,银膜和铝膜因为具有宽反射光谱性能而更适合作为太阳光泵浦激光器的反射材料,但是由于其易氧化,且稳定性不高,在实验应用中受到了限制,因此,我们选择较稳定、不易氧化的金作为反射材料。

制造聚光腔的基底材料是铝、铜和不锈钢。铝通常用于较轻的系统,铜的热膨胀系数比铝小,热导率比率高,因此,对于太阳光泵浦系统,铜为较佳的基底材料。

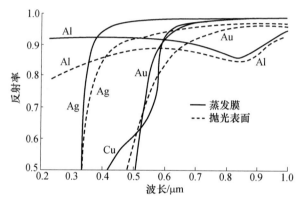

图 4-22　激光泵浦腔内常用金属的反射率与波长的关系

4.2.2.2　漫反射锥形聚光腔的设计

对于漫反射材料,光线入射到该反射材料上后其反射方向是任意的,因此,通过理论计算编制程序建立漫反腔的模型有一定的难度。直接用光学模拟软件 Tracepro 对聚光腔进行模拟,通过改变聚光腔各参数,得出各参数与聚光腔轴线上汇聚功率之间的关系。

在软件中建立锥形聚光腔模型,将其内壁材料设置为遵循朗伯反射原理的漫反射材料,设定反射率为95%。采用与模拟镜面反射相同的方式进行模拟,建立聚光腔各参数与汇聚功率之间的关系,求出最佳漫反射锥形聚光腔的腔型。

1. 漫反射聚光腔各项参数的分析

图 4-23 为模拟得到的漫反射聚光腔各项参数与聚光腔轴线上汇聚效率的关系曲线图,模拟时所用的参数与 4.2.2.1 节模拟镜面反射聚光腔时相同。

图 4-23(a)为聚光腔后端口径与汇聚功率关系曲线图;图 4-23(b)为聚光腔入射窗口直径与汇聚功率关系曲线图;图 4-23(c)为聚光腔长度与汇聚效率关系曲线图;图 4-23(d)为不同长度聚光腔轴线上的功率分布曲线

图。将图 4 – 23(a)、(b)、(c) 与镜面反射时的情况相比较,各图的变化趋势相同,因此对各参数优化选择的分析方法相同,本节不再累述。从图 4 – 23(d) 可知,漫反射腔在轴线上的汇聚功率分布较均匀,轴线前端的汇聚功率变化趋势很平缓,而后端部分的功率迅速减小,由此考虑在激光器工作时,激光棒后端部分吸收的功率有可能没有达到泵浦阈值功率,这进一步说明聚光腔并不是越长越好,要考虑腔内激光棒吸收的泵浦功率是否达到了泵浦阈值。

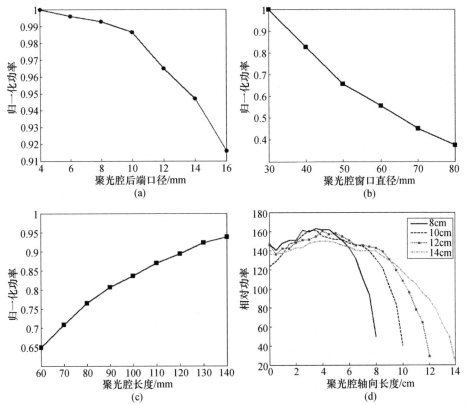

图 4 – 23　漫反射聚光腔各项参数与汇聚功率的关系

(a)漫反射聚光腔后端口径与汇聚功率的关系曲线;(b)漫反射聚光腔入射窗口直径与
汇聚功率的关系曲线;(c)漫反射聚光腔长度与汇聚功率的关系曲线;
(d)漫反射聚光腔轴线上汇聚功率分布曲线。

2. 漫反射材料的选择

常用的漫反射聚光腔有金属氧化物粉末聚光腔、玻璃聚光腔、塑料聚光腔、陶瓷聚光腔等[18 – 20],这些聚光腔各有其优缺点。

金属氧化物粉末聚光腔是将金属氧化物粉末融入到玻璃或熔融氧化硅密封套内做成聚光腔,其聚光均匀性好,但是热导率较低,无法提高汇聚功率。

玻璃聚光腔以石英玻璃为原料,加工成聚光腔,其热膨胀小,但是一般只能加工成圆柱形,需镀膜层,易碎,散热性能差。

塑料聚光腔是将聚四氟乙烯悬浮树脂置于所需形状尺寸的模具与零件中,在一定压力下压制成具有漫反射特性的聚光腔,其结构简单,但泵浦转换效率不高,且容易老化,寿命短。

陶瓷聚光腔是以陶瓷为原料加工成聚光腔,特点是具有良好的化学稳定性、漫反射性、力学性能,绝缘性能好,泵浦均匀性好,热膨胀小,但是加工成型难,散热不好[21]。

通过以上对比可知,陶瓷材料是制备漫反射聚光腔的理想材料,但使用陶瓷材料的关键是要将陶瓷材料的反射率提高到一个较高的水平。国外早在20世纪70年代就开始利用陶瓷做聚光腔的研究,意大利科学家 A. Krajewski 指出陶瓷是制作聚光腔的理想材料,并研究了 MgO、SiO_2、ZrO_2、Al_2O_3、La_2O_3 等的反射谱,认为高纯 MgO 材料最适合制作漫反射聚光腔[22],但由于 MgO 烧结温度高,易发生水化作用,仅适用于玻璃聚光腔中的填充料,不适合制作陶瓷聚光腔。因此,在现有加工条件下,Al_2O_3 是最佳选择,理论上利用高纯的 Al_2O_3 在合适的烧结温度下可制得高反射率的陶瓷聚光腔[23]。聚光腔腔型尺寸还需要与工作物质的尺寸相结合才能最终确定,通过下面对工作物质的分析,就能得出最终的设计结果。

4.2.2.3 分腔水冷结构镜面反射锥形聚光腔的设计

分腔水冷结构镜面反射锥形聚光腔是对镜面反射聚光腔的改进设计。分腔水冷结构在原有锥形腔内增加石英套管,对激光晶体棒单独水冷,如图4-24所示。

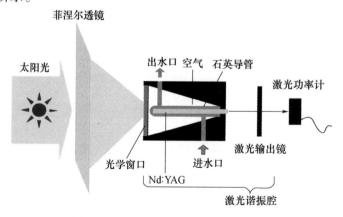

图4-24 分腔水冷锥形腔结构示意图

石英管安装在金属镜面反射锥形腔的中央,激光晶体棒固定在石英管内。冷却液单独流经石英套管对晶体棒进行冷却,这样减少了锥形腔内的冷却液体积,缩短了泵浦光在冷却液中的光程,一定程度上减少了冷却液对泵浦光的损耗。

此外,石英管内的冷却液环绕晶体棒,在晶体棒外形成一个柱面透镜,如图 4 – 25 所示。

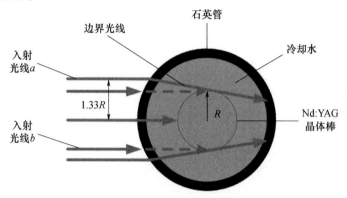

图 4 – 25　石英套管耦合侧面泵浦光示意图

运用折射定律分析分腔水冷系统内的光路,图 4 – 25 中边界光线以 α 角入射,经石英管和液态水后以 β 角折射,光线在石英管腔内与激光棒横截面相切,边界入射光线即为激光晶体侧面可吸收的最外侧光线。由折射定律可得

$$\frac{\sin\alpha}{\sin\beta} = \frac{n_{\text{water}}}{n_{\text{air}}} \qquad (4-17)$$

在腔内添加石英管后,腔壁反射的侧面泵浦光线经过空气和冷却水传播后入射,激光棒的有效吸收半径为 H。在不添加分腔水冷结构的实验组,侧面泵浦光线在冷却水中直接入射到激光棒侧面,侧面入射的临界光线即为与激光棒横截面相切的边界光线,普通金属腔内激光棒的有效吸收半径为 r。由此可得

$$\frac{H/R}{r/R} = \frac{\sin\alpha}{\sin\beta} \qquad (4-18)$$

从几何光学角度分析,式(4 – 17)中取 $n_{\text{water}} = 4/3$,$n_{\text{air}} = 1$,在式(4 – 18)中易得 $H/r = 1.33$,即分腔体水冷系统的设计增加了晶体棒33.33%的有效吸收直径。

采用分腔水冷系统,提高了侧面泵浦光的利用效率。侧面泵浦光经镀金面反射后,通过石英管以及冷却水的折射,有更多的光线被耦合到晶体棒的侧面,增加了侧面泵浦光的耦合效率。

参考文献

[1] 吴贺利. 菲涅尔太阳能聚光器研究[D]. 武汉:武汉理工大学,2010.

[2] 姚叙红,等. 菲涅尔透镜提高太阳能利用率的研究[J]. 红外,2009,30(3).

[3] 姚叙红,等. 菲涅耳硅橡胶透镜表面防护薄膜的制备与表征[J]. 真空科学与技术学报,2006,29(9).

[4] 张明,等. 空间菲涅耳透镜的材料与工艺要求分析[J]. 太阳能学报,2002,23(1).

[5] 汪小云. 新型菲涅尔透镜模板数控加工技术研究[D]. 兰州:兰州理工大学.

[6] 赵彤,等. Archimedes 螺旋式 Fresnel 透镜的设计及加工方法[J]. 清华大学学报,2007,47(8).

[7] 李维谦. 沟槽变异对菲涅耳透镜光学效率的影响[J]. 制造业自动化,2007,29(8).

[8] 张兰,严惠民. 菲涅尔透镜对平行光的成像特性分析[J]. 光学仪器,2000,1(22):15 - 20.

[9] Welford W T, Winston R. High collection nonimaging optics [M]. London: Academic Press, 1989.

[10] Gleckman P, O'Gallagher J, Winston R. Concentration of sunlight to solar - surface levels using non - imaging optics[J]. Nature, 1989, 339: 198 - 200.

[11] Levi - Setti R, Park A D, Winston R. The corneal cones of limulus as optimized light collectors[J]. Nature. 1975, 253: 115 - 116.

[12] 汪扬春. 非序列光线追迹程序计算精度的评价[D]. 浙江:浙江大学,2006.

[13] 张申金,周寿恒,唐晓军,等. 二极管侧面泵浦圆片激光器增益介质内泵浦光分布[J]. 红外与激光工程,2007,36(4):505 - 508.

[14] Gleckman P. Achievement of ultrahigh solar concentration with potential for effective laser pumping[J]. Applied Optics. 1988, 27(21): 54385 - 5391.

[15] 吴旭婷,李湘宁,蔡伟. 大视场菲涅尔透镜的聚光效率模拟和分析[J]. 光学仪器,2010,32(1):44 - 48.

[16] 王毓琰. 复合抛物面聚光器光热理论计算及测试[D]. 北京:清华大学,2000.

[17] 克希耐尔 W. 固体激光工程[M]. 5 版. 孙文,江泽文,程国祥,译. 北京:科学出版社,2002,345 - 348.

[18] 王尚铎. 国外固体激光器用陶瓷聚光腔[J]. 激光与红外,1997,27(2):74 - 76.

[19] 曹三松,王明秋,韩鸿,等. 漫反射聚光腔灯泵 Nd:YAG 激光器[J]. 激光技术,1999,23(6):339 - 341.

[20] 邓仁亮,张坤. 聚四氟乙烯漫反射泵浦腔及制作方法[P]. 中国专利 CN:89106792. 1990 - 02 - 07.

[21] Kingery W D, Brown H K, Uhlman D R. Properties of ceramics, introduction to ceramics(second edition)[M]. New York:John Wiley&Sons Inc. ,1976.

[22] Krajewski A, Mazzinghi P. Study of the reflectivity of ceramics materials for laser - cavity mirror[J]. J Mat Sci, 1994,29:232 - 238.

[23] 吴建峰,尤德强,徐晓虹,等. 氧化铝陶瓷激光聚光腔的研制[J]. 硅酸盐通报,2003,(5):25 - 27.

第 5 章
太阳光泵浦固体激光器工作物质

工作物质是激光器的三个基本组成部分之一,其作用是提供产生激光所需的能级结构。激光工作物质必须具有尖锐的荧光谱线、强吸收带以及针对所需荧光跃迁相当高的量子效率。

固体激光工作物质由固体基质和激活离子两部分组成。

5.1 固体基质材料

固体激光工作物质对基质的要求是:具有良好的光学、机械和热特性,能够经受激光器工作时的严酷条件。所需关注的参量主要有硬度、化学稳定性、无内部应力、无折射率变化、能够抵御因辐射引起的色心,以及能够批量生产[1]。

固体基质包括晶体、玻璃和陶瓷三大类别。

晶体是最先用于激光工作物质的基质,晶体在原子结构上的基本特点是原子排列的长程有序性。世界上第一台激光器就是红宝石激光器,其工作物质红宝石即 $Cr^{3+}:Al_2O_3$,就是在 Al_2O_3(刚玉,或称蓝宝石)晶体中掺入三价 Cr 离子而制备的。晶体一般具有高硬度、高光学质量和高导热性的特点,是理想的激光工作物质基质。但晶体的制备过程耗时较长,条件要求苛刻。晶体的制备过程称为生长过程,晶体是生长出来的,是熔液中的原子在温度场作用下,在籽晶上按照一定晶格取向层层排列(结晶)而逐渐生长出来的。因此晶体生长过程中对生长设备—单晶炉要求很高,要求籽晶具有极其稳定的提升速度,或者要求坩埚具有极其稳定的下降速度。晶体一般生长时间较长,可达数十小时乃至数天,其间必须保证稳定供电,绝对不能出现停电现象。因此晶体激光工作物质一般价格较高,所能获得的晶体尺寸相对较小。

用于激光工作物质的晶体基质可以分为:①氧化物,包括蓝宝石(Al_2O_3)、石榴石(YAG、GGG、GSGG)、氧化铝(YAP)、硫氧化物(LOS);②磷酸盐和硅酸盐(FAP、SOAP);③钨酸盐、钼酸盐、钒酸盐和铍酸盐;④氟化物。

为了以较低的成本获得大尺寸激光工作物质,人们探索了以玻璃为基质的激光工作物质。玻璃在原子结构上的基本特点是原子排列的无序性。玻璃的制备过程称为熔炼过程,玻璃是一定成分配比的原料在坩埚中加热熔化,然后慢慢冷却凝固而熔炼出来的。熔炼过程决定了玻璃基质的激光工作物质可制备尺寸较大,便于产生高能量激光输出,制备成本相对较低。玻璃具有优越的光学质量,可以获得接近衍射极限的光束发散角。在玻璃中,对于单个激活离子缺乏均匀一致的结晶环境,使得玻璃中激活离子的荧光线宽比晶体中的宽,导致玻璃激光器的阈值一般高于晶体激光器的阈值。另外,玻璃的热导率远低于绝大多数晶体基质材料,在高平均功率工作状态下,热致双折射和光学畸变明显。已经用于在玻璃中产生激光的激活离子有 Nd^{3+}、Yg^{3+}、Er^{3+}、Tm^{3+} 和 Ho^{3+}。

陶瓷是另一种能够制备出大尺寸激光工作物质的基质材料。陶瓷的制备工艺不同于晶体的生长工艺和玻璃的熔炼工艺,陶瓷的制备工艺称为烧结,陶瓷的烧结温度远低于熔化温度。目前开展研究较多的陶瓷激光基质的主要成分是YAG,是由高纯度的 YAG 纳米粉末压成所需要的形状和尺寸,然后在真空中加压烧结而成,烧结的温度远低于熔化温度。陶瓷的主要优点是:可以制造大尺寸的激光工作物质、制造周期短/成本低、掺杂浓度高、可以制备高掺杂浓度和掺杂分布的激光工作物质、可以制备复合增益激光工作物质、有利于制造高熔点激光工作物质。目前激光陶瓷在散射损耗指标上相对晶体和玻璃基质还比较高。

5.2　固体激光工作物质中的激活离子

激光工作物质中的激活离子包括稀土离子、锕系离子和过渡金属离子。

稀土离子中目前最常用的激活离子是钕(Nd)离子,占据了固体激光工作物质的绝大部分,是最主要的固体激光工作物质中的激活离子,现在已经在约100种不同的基质中实现了受激辐射,其中最主要的基质是 YAG 晶体和玻璃,掺 Nd^{3+} 离子的 YAG 陶瓷激光器近年来也获得了长足的发展。铒(Er)离子是光纤通信系统激光和人眼安全激光的主要来源,铒离子的基质可以是晶体、也可以是玻璃。钬(Ho)、铥(Tm)离子是获得 $2\mu m$ 附近波长激光的主要来源,$2\mu m$ 波长的激光在大气遥感探测、医疗等方面具有重要的应用。可以产生激光的稀土离子还有镨、镝、铕、钆、铈、钐、镧、铥等。

锕系离子中只有铀在 CaF_2 中成功获得激光。

过渡金属离子最主要的是 Cr^{3+}、Ti^{3+} 离子,如红宝石($Cr^{3+}:Al_2O_3$)、绿宝石($Cr^{3+}:BeAl_2O_3$)和掺钛蓝宝石($Ti^{3+}:Al_2O_3$),掺钛蓝宝石是最重要的飞秒超短脉冲激光材料和固体可调谐激光材料。此外,在掺杂 Ni、Co 离子的材料中也发现了激光作用。

5.3　太阳光泵浦固体基质材料

在太阳光泵浦激光工作物质的过程中,高强度的太阳光功率直接照射到工作物质上,除了少部分转换成激光输出,其余大部分转变成热能。所选用的工作物质要有高的热传导系数,通过冷却能及时把多余的热能带走,减少工作物质的热效应;同时还要有良好的热应力阻抗能力,使工作物质不至于断裂。因此,玻璃基质不适合作为太阳光泵浦工作物质的材料。光纤具有良好的散热效果,但其光纤端面小,增大了太阳光汇聚耦合入光纤的难度。晶体和陶瓷都可作为理想的太阳光泵浦工作物质的材料。

5.4　常用固体激光工作物质分析

选择红宝石、Nd: YAG、Yd: YAG、Nd: YVO$_4$、Cr: Nd: GSGG、Cr: Nd: YAG 和掺Yb^{3+}的石英光纤等常见的激光工作物质作为对象,分析它们的吸收光谱与太阳光谱的匹配程度,阈值泵浦功率密度,材料热特性等参数,选取适合太阳光泵浦的固体工作物质。

5.4.1　太阳光谱的数学建模

各种激光介质的吸收谱不同,与太阳光谱的重合程度也不同。从选择适合太阳光泵浦的固体激光工作物质角度来说,要选择对太阳光谱能量吸收多的介质,才可能得到较高的输出功率和效率。以下首先将太阳光谱离散化成细小的光谱能量条带,再结合各种激光介质有效吸收带所在的波段,进行光谱匹配性能的分析。

"太阳常数"是指日地平均距离处垂直于太阳光线的平面上,在单位时间内单位面积上所接收到的太阳辐射能。世界气象组织(WMO)的推荐值为1367W/m^2。参考文献[2]中给出平均日地距离大气层外的太阳光谱辐照度数据,该数据为世界气象组织和观察仪器和方法委员会(CIMO)采纳(1981 年 10 月)。待分析的七种激光介质的吸收带都集中在 0.25 ~ 2.00μm 波段内,故只对这一波段进行离散化,其分布曲线如图 5 - 1 所示。

考虑到连续光谱曲线一般都是光滑、有连续曲率的,在 Matlab 中编写了三次样条插值的程序对原始数据点进行插值运算,将区间转换成间隔为 1nm 的 1751个数据点。图 5 - 2 是原始数据点和插值点曲线的比较。图 5 - 3 是图 5 - 2 的局

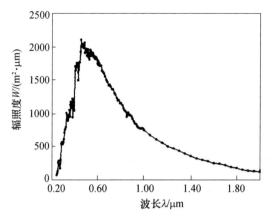

图 5 - 1　太阳光谱原始数据曲线

部放大。可以看出插值运算并没有破坏原先的光谱分布,而且使得光谱曲线更加精细光滑。这样,太阳光谱 $0.25 \sim 2.00\,\mu m$ 的精细离散化模型就建立起来了。

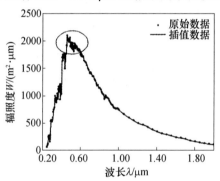

图 5 - 2　原始数据和插值数据曲线的比较

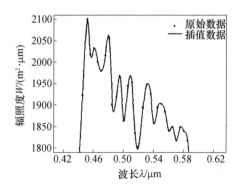

图 5 - 3　图 5 - 2 的局部放大图

　　为了进一步判断插值模型的准确程度,需将插值模型的太阳辐射总照度求出来,与参考文献[2]数据表中提供的数值比较,可以得出模型的总误差。将插值点相应的光谱辐照度值乘以条带宽度 1nm,可得到每个光谱能量条带的照度值,再将 1751 个条带的能量相加可得到总照度为 1284.9W/m²。原始数据表中,0.25 ~ 2.00μm 段内照度值为 1283.8W/m²,则模型值与实际值误差为 1.1W/m²,优于千分之一,所以该模型能够满足用于光谱分析的要求。

5.4.2　工作物质吸收谱与太阳光谱的匹配

各种激光工作物质的吸收光谱与太阳光谱的重合程度不尽相同。用工作物质吸收谱波段在太阳光谱分布中所占的比例,作为比较各种激光工作物质吸收光谱对太阳光谱匹配程度的依据。为具有普遍性,太阳光谱选用地球大气上层 AM0 标准光谱。分析时,假设一个 AM0 标准光谱的"太阳常数"辐射能入射到工作物质,处于激光工作物质吸收带内的太阳辐射能够完全被激光工作物质吸收。

1. 红宝石

红宝石主要有两个泵浦带,分别是以 404nm 波长为中心的蓝光波段和以 554nm 波长为中心的绿光波段,每个泵浦带宽约为 100nm[3]。各泵浦带对不同偏振态的入射光吸收不同,考虑到太阳光为自然偏振,我们对不同偏振态的吸收系数不加以区分。

AM0 光谱中,将吸收带内辐照度值积分,可求出这两个吸收带的太阳辐射度分别为 150.57W/m²,173.86W/m²。它们的总和为 324.43W/m²,占太阳常数的 23.76%。

2. Nd:YAG

Nd:YAG 有 5 个主要的泵浦带,分别为 530nm,580nm,750nm,810nm,870nm。每个泵浦带宽约 30nm[4,5]。

各带的太阳辐射度分别为 45.91W/m²,57.77W/m²,36.307W/m²,33.25W/m²,28.14W/m²。总和为 201.38W/m²,占太阳常数的 14.75%。

3. Yb:YAG

其吸收带有 4 个:910 ~ 920nm,935 ~ 945nm,965 ~ 973nm,1024 ~ 1033nm[6-8]。各吸收带的辐射度分别为 10.72W/m²,9.0W/m²,6.51W/m²,9.75W/m²。其总和为 35.98W/m²,占太阳常数的 2.64%。

4. Nd:YVO₄

其吸收带有 3 个:580nm,750nm,808nm,每带带宽约 21nm[9,10]。各吸收带的辐射度分别为 38.66W/m²,28.5W/m²,20.98W/m²。总和为 88.3W/m²,占太阳常数的 6.46%。

5. Cr：Nd：GSGG

Cr：Nd：GSGG 以 Cr^{3+} 作为敏化剂,能够有效吸收太阳光谱中的可见光,其吸收带大致可以划分为 400 ~ 530nm,570 ~ 700nm,735 ~ 765nm,795 ~ 825nm,855 ~ 885nm[11,12]。各吸收带的辐射度分别为 240.75W/m²,214.03W/m²,39.63W/m²,33.14W/m²,29.34W/m²,总和为 556.89W/m²,占太阳常数的40.78%。

6. Cr：Nd：YAG

Cr：Nd：YAG 与 Nd：YAG 的区别是加入了 Cr^{3+} 敏化剂,能够更多地吸收可见光波段的太阳辐射。其吸收带大致可分为 400 ~ 540nm,570 ~ 700nm,735 ~ 765nm,795 ~ 825nm,855 ~ 885nm。各吸收带的辐射度分别为 261.13W/m²,214.03W/m²,36.307W/m²,33.25W/m²,28.14W/m²,总和为 572.86W/m²,占太阳常数的41.95%。

7. 掺 Yb^{3+} 的石英光纤

有效吸收带大致为 860 ~ 990nm[13,14]。吸收带的辐射度为 111.5W/m²,占太阳常数的 8.16%。

表 5-1 列出了以上计算的结果。

表 5-1 工作物质吸收谱与太阳光谱匹配分析

工作物质	吸收带/nm	吸收带内的太阳辐射度/(W/m²)	占太阳常数的百分比
Cr: Nd: YAG	400 ~ 540 570 ~ 700 735 ~ 765 795 ~ 825 855 ~ 885	572.86	41.95%
Cr: Nd: GSGG	400 ~ 530 570 ~ 700 735 ~ 765 795 ~ 825 855 ~ 885	556.89	40.78%
红宝石	354 ~ 454 504 ~ 604	324.43	23.76%
Nd: YAG	515 ~ 540 565 ~ 595 735 ~ 765 795 ~ 825 855 ~ 885	201.38	14.75%

（续）

工作物质	吸收带/nm	吸收带内的太阳辐射度/（W/m²）	占太阳常数的百分比
掺 Yb^{3+} 的石英光纤	860 ~ 990	111.5	8.16%
Nd: YVO_4	570 ~ 590 740 ~ 760 798 ~ 818	88.3	6.46%
Yd: YAG	910 ~ 920 935 ~ 945 965 ~ 973 1024 ~ 1033	35.98	2.64%

从表 5 - 1 可以看到，Cr：Nd: YAG、Cr：Nd：GSGG、红宝石以及 Nd: YAG 的吸收光谱与太阳光谱有较好的匹配，尤其是 Cr^{3+}、Nd^{3+} 双掺介质，光谱匹配程度大约是 Nd: YAG 的3倍。各种激光工作物质吸收光谱对太阳光谱的匹配程度，在一定程度上表征了工作物质吸收太阳辐射的能力。实际上，激光工作物质对太阳辐射的吸收还与各光谱的吸收截面和吸收系数有关，需要对具体的激光工作物质进行实验，以确定被吸收的太阳辐射量。

5.4.3　工作物质阈值泵浦功率密度

1. 四能级激光器

理想的四能级系统中，激光下能级 E_1 粒子快速向基能级消耗，可认为其能级上的粒子数密度为 0，即

$$n_1 \approx 0$$

$$\Delta n = \left(n_2 - \frac{g_2}{g_1} n_1 \right) \approx n_2 \tag{5-1}$$

式中：$n_i(i=1,2)$ 为激光能级的粒子数密度；Δn 为反转粒子数密度。

泵浦功率达到阈值时，反转粒子数密度为

$$\Delta n_t = \frac{\delta}{\sigma_{21} l} \approx n_{2t} \tag{5-2}$$

式中：δ 为激光器腔内单程损耗；σ_{21} 为激光受激发射截面；l 为谐振腔腔长。

为维持阈值条件下的粒子数反转，工作物质泵浦带内必须吸收的最小泵浦功率称为激光器的阈值泵浦功率，以 P_{pt} 表示[15]：

$$P_{pt} = \frac{h\upsilon_p \Delta n_t V}{\eta_Q \tau} = \frac{h\upsilon_p \delta V}{\eta_Q \sigma_{21} \tau l} \tag{5-3}$$

式中：h 为普朗克常数；υ_p 为泵浦光频率；V 为工作物质体积；η_Q 为量子效率；τ

为激光上能级寿命。

阈值泵浦功率密度即

$$P'_{pt} = \frac{h\upsilon_p\delta}{\eta_Q\sigma_{21}\tau l} \quad\quad (5-4)$$

2. 三能级系统

理想三能级系统中,粒子从泵浦带能级到激光上能级的弛豫过程非常快,可以认为 $n_3 \approx 0$,所有的粒子都分布在能级 1 和能级 2 上,即

$$n_{tot} = n_1 + n_2 \quad\quad (5-5)$$

当三能级系统处于阈值时,有

$$n_2 \approx n_1 \approx n_{tot}/2 \qu\quad (5-6)$$

须吸收的阈值泵浦功率为[15]

$$P_{pt} = \frac{h\upsilon_p n_{tot} V}{2\eta_Q\tau} \qu\quad (5-7)$$

阈值泵浦功率密度为

$$P'_{pt} = \frac{h\upsilon_p n_{tot}}{2\eta_Q\tau} \qu\quad (5-8)$$

Nd：YAG、Nd：YVO$_4$、Cr：Nd：GSGG、Cr：Nd：YAG 属于四能级系统;红宝石属于三能级系统,Yb：YAG、掺 Yb^{3+} 的石英光纤属于准三能级系统。

假设谐振腔长 100mm,输出镜反射率为 98% ,估算上述工作物质在连续输出状态时的阈值泵浦功率密度。计算时,认为激光器腔内损耗只是输出损耗,忽略其他损耗。

以上工作物质的阈值泵浦功率密度的计算结果如表 5 - 2 所示。

表 5 - 2 阈值泵浦功率密度计算结果

	$\upsilon_p/(1/s)$	n/cm^3	σ_{21}/cm^2	η_Q	$\tau/\mu s$	$P'_{pt}/(W/cm^3)$
红宝石	6.25×10^{14}	1.62×10^{19}	2.5×10^{-20}	0.7	3000	1597.3
Nd：YAG	3.71×10^{14}	1.38×10^{20}	6.5×10^{-19}	1.0	1.7	21.7
Nd：YVO$_4$	3.71×10^{14}	—	15.6×10^{-19}	0.79	100	2.0
Cr：Nd：GSGG	3.71×10^{14}		3.1×10^{-19}	0.6	281	4.8
Yb：YAG	3.18×10^{14}	0.69×10^{20}	2.1×10^{-20}	0.9	950	842.9
掺 Yb^{3+} 的石英光纤	3.07×10^{14}	4×10^{18}	$\sigma_{s21} = 3 \times 10^{-21}$ $\sigma_{p21} = 2.5 \times 10^{-20}$	0.9	800	565.81

从表 5 - 2 计算结果可看到,三能级或准三能级系统的阈值功率密度远大于四能级系统。对太阳光泵浦的激光器,汇聚太阳光功率有限,应选择四能级系统

的激光器,使激光器容易达到阈值从而获得激光输出。

5.4.4　激光工作物质的热特性

从以下四个参数来考察工作物质的热特性:熔点、热膨胀系数、热导率、折射率温度系数。

工作物质熔点高,热膨胀系数小,能保证工作物质不会因为大量的热沉积而变形、损坏;热导率高有利于制冷时有效地带走热量,提高制冷效果,降低工作温度;而折射率温度系数小则保证了高热状态下激光器光路的稳定性。

红宝石、Nd: YAG 晶体和 Cr: Nd: GSGG 晶体的热特性[16]如表 5-3 所示。

表 5-3　工作物质的热特性比较

	熔点/℃	热膨胀系数/℃	热导率/(W·cm^{-1}·K^{-1})	折射率温度系数/℃
红宝石	2040	//C 轴:6.7×10^{-6} ⊥C 轴:5×10^{-6}	0.4	12.6×10^{-6}
Nd: YAG	1970	7.5×10^{-6}	0.14	7.3×10^{-6}
Cr: Nd: GSGG	1720	7.47×10^{-6}	0.06	10.5×10^{-6}

虽然红宝石晶体的热特性较 Nd: YAG、Cr: Nd: GSGG 要好,但是其阈值泵浦功率远大于后两者。对太阳光泵浦来说,这意味着需要汇聚更高的太阳光功率,汇聚系统的接收面积将大大增加;同时,如此高的太阳光功率泵浦,对制冷要求也大大提高。因此,红宝石不是理想的太阳光泵浦激光工作物质。

Yb:YAG 吸收带主要集中在近红外波段,太阳辐射中,这些波段所占的能量较小,吸收光谱与太阳光谱匹配程度低;此外,其属于准三能级工作物质,阈值较高。Nd:YVO$_4$吸收光谱与太阳光谱匹配程度较低,虽然其阈值较低,但是晶体热特性较差,容易破裂和解理,难以承受高太阳光功率的照射。这两种工作物质都不适合用于太阳光泵浦的激光器。

Cr:Nd:YAG、Cr:Nd:GSGG、Nd:YAG 作为四能级工作物质,阈值低,热力学性质良好,吸收光谱与太阳光谱具有良好的匹配,是理想的太阳光泵浦的工作物质。

5.5　提高能量转换效率对激光材料的研究

激光材料对太阳光的转换效率是指激光材料输出的特定波长激光的功率和输入激光材料的泵浦功率之比,主要是由激光材料吸收光谱与太阳光谱的匹配程度、材料性能、热效应等因素决定的。转换效率 η_{cv} 可以用来评价激光材料对太阳光的匹配程度。在尝试碘分子气体[17]、掺 CaF_2：Dy^2 + 液氖[18]、掺 Nd_2O_3 钡冕玻璃[19]、Er：Tm：Ho：YAG 晶体[20]、Cr：Nd：GSGG 晶体[21]、Cr：Nd：YAG 陶瓷[22,23]、Nd：YAG 晶体等激光材料在太阳光泵浦下获得了激光输出以后，研究人员认识到，虽然吸收谱宽能够增加激光输出，但是宽光谱吸收导致的热效应会影响激光输出。近年来，逐渐舍弃了 Er：Tm：Ho：YAG 晶体、Cr：Nd：GSGG 晶体等对散热要求较高的激光材料，选用普通的吸收谱较窄、对散热要求不高的 Nd：YAG 晶体。然而，Nd：YAG 晶体对太阳光的光谱匹配系数较低，制约了太阳光泵浦激光器转换效率的提高。

为了更高效地利用太阳光，从光谱角度可以使用频谱变形的方法来提高激光工作物质与太阳光泵浦光谱的匹配效率（图 5 - 4）。频谱变形有三种方法：下转换（把一个高频光子转化为两个低频光子）、荧光转换（把不能吸收的光子转换成能够吸收的光子）、上转换（把两个或多个低频光子转化成一个高频光子）。

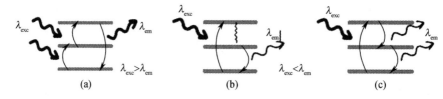

图 5 - 4　频谱变形示意图
（a）上转换；（b）荧光转换；（c）下转换。

频谱变形技术已经广泛应用于农作物种植和太阳能电池发电等领域。农作物中的叶绿素只对蓝色光和红色光有较强吸收，太阳能电池的响应带宽有限，而激光晶体的吸收谱段也是特定的，无法完全吸收太阳辐射，他们对频谱变形有相似的需求。现有关于频谱变形的相关研究成果完全可以借鉴，用于提高太阳光泵浦激光器的光谱匹配效率。

1. 频率下转换

1957 年，Dexter 提出了下频移的理论可能性[24]。1974 年 Piper[25] 和 Somerdijk[26] 在掺 Pr^{3+} 的 YF3 晶体中发现了频率下转换现象。频率下转换可以分为两类：离散的频率下转换和带状频率下转换。

离散频率下转换靠材料中的激活离子吸收、辐射光子，目前主要的活性离子有 Pr^{3+} 和 Gd^{3+}。Pr^{3+} 能把 125 ~ 215nm 波长的光子吸收转化为可见光[26-28]；Gd^{3+} 对 200nm 的光子也有此转换效果[29,30]。

带状频率下转换靠其带状吸收的基底材料吸收光子，靠激活的掺杂粒子辐射光子。掺杂 Mn 的 Zn_2SiO_4、$Zn_3(PO_4)_2$、$Cd_3(PO_4)_2$，掺杂 Eu 的 Y_2O_3、YVO_4，掺杂 Ag、Zn 等的 ZnS 都能够以大于 1 的量子效率转化光子[31]。

尽管频率下转换的量子效率很高，但是由于其吸收波长局限于短波段，不适合转换地面的太阳辐射，对空间太阳能泵浦激光器有一定的作用。效果最好的频率下转换是能够把 300～430nm 波长的光子以接近 2 的量子效率转化。

2. 荧光转换

常见的荧光都是单掺或者多掺 Ce^{3+}、Eu^{3+}、Tb^{3+}、Pr^{3+}、Sm^{3+}、Dy^{3+} 等离子，靠离子的能级跃迁转化光子。表 5-4 为掺杂离子的吸收和辐射波长参数。

表 5-4　不同掺杂离子转换光谱

掺杂离子	激励波长/nm	辐射波长/nm
Ce^{3+}	240～300	300～380
Eu^{3+}	281、395、470	592、614、650、698
Tb^{3+}	330、370	489、544、585
Pr^{3+}	350、440	605
Sm^{3+}	345、375、404、420、470	568、605、650
Dy^{3+}	330、350	576

Ce^{3+} 多被用作敏化因子，转化 240～300nm 波段，辅助提高其他离子的转化能力。Eu^{3+} 转化得的 592nm，Tb^{3+} 转化得的 544nm、585nm，Pr^{3+} 转化得的 605nm，Sm3 + 转化得的 568nm、605nm，Dy^{3+} 转化得的 576nm，都能够被 Nd：YAG 晶体吸收。AM1.5 中 300～500nm 的波段能量占到了 12%，通过引入现有的激活离子，可以有效利用此波段太阳光，且某些离子的共同掺杂能有效提高转化效率。

另外，带有量子点和纳米晶体的透明材料也被用作荧光材料。在多晶太阳能电池表面覆盖一层带有量子点的透明材料可以产生 603nm 的荧光，可提高其 10% 的效率[32]；包含纳米结构石英的 SiO_x 和 SiN_x 材料也被用来提高太阳能电池的效率[33]。

对于 Nd：YAG 晶体吸收波段间的波段，特别是 600～730nm 波段约占 14% 的太阳光，没有合适的转化离子进行转化。

3. 频率上转换

对于 Nd：YAG 晶体不能吸收转化的波长大于900nm 波段的太阳辐射，可以通过频率上转换过程得以转化到 Nd：YAG 晶体能吸收的波段。大多数频率上转换是靠基质材料中掺杂的激活离子提供能级来吸收和辐射光子。目前能实现频率上转换的稀土离子有 $Er^{3+[34,35]}$、$Pr^{3+[36,37]}$、$Tm^{3+[38]}$、$Ho^{3+[39]}$、$U^{3+[40]}$。Yb^{3+} 被广泛用来作为敏化因子来增加频率上转换的吸收谱段宽度。某些过渡金属离子也存在频率上转换[41,42]。

另外,频率上转换现象在带有量子点的溶液[43,44]、纳米晶体粉末[45,46]和很多功能材料[47]中都存在。

受泵浦光源波长限制,这些研究的泵浦波长都集中在 900nm、1064nm、1500nm 附近。波长大于 900nm 的太阳辐射约占 AM1.5 总体辐射的 48%,若能充分利用这部分辐射,将可有效地提高 Nd:YAG 晶体对太阳辐射的转化效率。

太阳光泵浦的 Nd:YAG 激光器对频谱变形有更高的要求,吸收的波段要尽量宽且不能覆盖 Nd:YAG 晶体的吸收波段,辐射的波段应在 Nd:YAG 晶体的吸收波段范围内。材料的透明性要求也更高,特别是对于 Nd:YAG 晶体的吸收波段。找到合适的转换材料,用一种材料或多种材料组合辅助 Nd:YAG 晶体吸收太阳辐射将提高 Nd:YAG 晶体对太阳辐射的转化能力。

参考文献

[1] 克希耐尔 W. 固体激光工程[M]. 5 版. 孙文,江泽文,程国祥,译. 北京:科学出版社,2002,23 - 32.

[2] 车念曾,阎达远. 辐射度学和光度学[M]. 北京:北京理工大学出版社,1990,476 - 483.

[3] Maiman T H, Hoskins R H, D'haenens I J, et al. Stimulated optical emission in fluorescent solids. Ⅱ. Spect roscopy and stimulated emission in Ruby[J]. Phys. Rev. 1961, 123(4): 1151 - 1157.

[4] 李适民,黄维玲. 激光器件原理与设计[M]. 北京:国防工业出版社,2005:168 - 169.

[5] 雷仕湛. 激光技术手册[M]. 北京:科学出版社,1992:529 - 530.

[6] 王晓丹,赵志伟,徐晓东,等. Yb 掺杂原子数分数为 0.5% 的 Yb:Y3Al5O12 晶体的光谱分析[J]. 中国激光, 2006 , 33 (5). 2006,33(5): 692 - 696.

[7] 徐晓东,赵志伟,宋平新. Yd:YAG 晶体的荧光特性研究[J]. 光子学报, 2004, 33(6): 697 - 699.

[8] 毛艳丽,王献伟. Yd:YAG 晶体光谱的温度特性[J]. 河南大学学报:自然科学版, 2005, 35(4): 13 - 16.

[9] 孟宪林,张怀金,祝俐,等. 掺钕钒酸钇单晶光谱与激光特性[J]. 人工晶体学报, 1999, 28(2): 135 - 139.

[10] Fields R A, Birnbaum M, Fincher C L. High efficient Nd: YVO4 diode - laser end - pumped laser[J]. Appl. Phys. Lett. 1987, 51(23): 1885 - 1886.

[11] Denisov A L, Ostroumov V G, Saidov Z S, et al. Spectral and luminescence properties of Cr^{3+} and Nd^{3+} ions in gallium garnet crystals[J]. J. Opt. Soc. Am. B. 1986, 3(1): 95 - 101.

[12] 孙敦陆,张庆礼,王召兵,等. Nd:GSGG 激光晶体的光谱性能研究[J]. 量子电子学报,2005, 22 (4): 570 - 573.

[13] 梅林,王英,王振佳,等. 掺 Yb^{3+} 双包层光纤激光器的暂态数值分析[J]. 激光技术,2006, 20 (3): 225 - 231.

［14］尹红兵，李诗愈，程淑玲，等．掺 Yb^{3+} 石英光纤的制备及其激光性能［J］．光通信研究，1999，95 (5)：23 - 26.

［15］周炳琨，高以智，陈倜嵘，等．激光原理［M］．4 版．北京：国防工业出版社，2000：168 - 169.

［16］张玉龙，唐磊．人工晶体—生长技术、性能与应用［M］．北京：化学工业出版社，2005：96 - 160.

［17］De Young J. Beam profile measurement of a solar - pumped iodine laser［J］. Applied Optics, 1986, 25 (21):3850 - 3854.

［18］Kiss Z J, Lewis H R, Duncan R C, et al. Sun pumped continuous optical maser［J］. Applied Physics Letters, 1963, 2(5):93 - 94.

［19］Simpson G R. Continuous sun - pumped room temperature glass laser operation［J］. Applied Optics, 1964, 3(6):783 - 784.

［20］Benmair R M, Kagan J, Kalisky Y, et al. Solar - pumped Er, Tm, Ho: YAG laser［J］. Optics Letters, 1990,23(1): 36 - 38.

［21］Thompson G A, Krupkin V, Yogev A. Solar - pumped Nd: Cr: GSGG parallel array laser［J］. Optical Engineering, 1992, 31(12):2644 - 2646.

［22］Ohkubo T, Yabe T, Yoshida K, et al. Solar - pumped 80 W laser irradiated by a Fresnel lens［J］. Optics Letters, 2009, 34(2):175 - 177.

［23］Yabe T, Bagheri B, Ohkubo T, et al. 100 W - class solar pumped laser for sustainable magnesium - hydrogen energy cycle［J］. J. Appl. Phys. 2008, 104, 083104.

［24］Dexter D L. Possibility of luminescent quantum yields greater than unity［J］. Phys. Rev. , 1957, 108 (3):630 - 633.

［25］Piper W W, DeLuca J A, Ham F S. Cascade fluorescent decay in Pr^{3+} - doped fluorides: Achievement of a quantum yield greater than unity for emission of visible light［J］. Journal of Luminescence, 1974, 8 (4):344 - 348.

［26］Sommerdijk J L, Bril A, de Jager A W. Two photon luminescence with ultraviolet excitation of trivalent praseodymium［J］. Journal of Luminescence, 1974, 8(4):341 - 343.

［27］E van der Kolk, P Dorenbos, van Eijk C W E. Vacuum ultraviolet excitation and quantum splitting of Pr^{3+} in LaZrF7 and α - LaZr3F15［J］. Optics Communications, 2001, 197:317 - 326.

［28］Srivastava A M, Beers W W. Luminescence of Pr^{3+} in SrAl12O19: Observation of two photon luminescence in oxide lattice［J］. Journal of Luminescence, 1997, 71(4):285 - 290.

［29］Feldmann C, Jüstel T, Ronda C R et al. Quantum efficiency of down - conversion phosphor LiGdF4 : Eu ［J］. Journal of Luminescence, 2001, 92(3):245 - 254.

［30］Bo Liu, Yonghu Chen, Chaoshu Shi, et al. Visible quantum cutting in BaF2:Gd, Eu via down - conversion ［J］. Journal of Luminescence, 2003, 101:155 - 159.

［31］Berkowitz J K, Olsen J A. Investigation of luminescent materials under ultraviolet excitation energies from 5 to 25 eV［J］. Journal of Luminescence, 1991, 50:111 - 121.

［32］van Sark W G J H M, Meijerink A, Schropp R E I, et al. Enhancing solar cell efficiency by using spectral converters［J］. Solar Energy Materials and Solar Cells, 2005, 87:395 - 409.

［33］De la Torrea J, Bremonda G, Lemitia M, et al. Using silicon nanostructures for the improvement of silicon solar cells´efficiency［J］. Thin Solid Films, 2006, 511 - 512,163 - 166.

［34］Malinowski M, Joubert M F, Jacquier B. Infrared to blue upconversion in Pr^{3+} doped YAG and LiYF4 crystals [J]. J. Luminescence, 1994, 60:179 – 182.

[35] Malinowski M, Joubert M F, Jacquier B. Dynamics of the IR to blue wavelength upconversion in Pr[3+] doped YAG and YLF crystals [J]. Physical Review B50 (1994) 12367 – 12372.

[36] Lü thi S, Pollnau M, Gdel H, et al. Near – infrared to visible upconversion in Er[3+] – doped Cs3Lu2Cl9, Cs3Lu2Br9, and Cs3Y2I9 excited at 1.54 μm [J]. Phys. Rev. B 60, 162 – 178 (1999).

[37] Ohwaki J, Yuhu Wang. Efficient 1.5 μm to Visible Upconversion in Er[3+] – Doped Halide Phosphors [J]. Jpn. J. Appl. Phys. 33 (1994) pp. L334 – L337.

[38] Wengera O, Wicklederb C, Krämera K W, et al. Upconversion in a divalent rare earth ion: optical absorption and luminescence spectroscopy of Tm[2+] doped SrCl2 [J]. Journal of Luminescence. Volumes 94 – 95, December 2001, Pages 101 – 105.

[39] Müller P, Wermuth M, Güdel H. Mechanisms of near – infrared to visible upconversion in CsCdBr3:Ho[3+] [J]. Chemical Physics Letters. Volume 290, Issues 1 – 3, 26 June 1998, Pages 105 – 111.

[40] Dereña P J, Joubertb M F, Krupac J C, et al. New paths of excitation of up – conversion emissions in LaCl3:U[3+] [J]. Journal of Alloys and Compounds. Volume 341, Issues 1 – 2, 17 July 2002, Pages 134 – 138.

[41] Franois Auzel. Upconversion and Anti – Stokes Processes with f and d Ions in Solids [J]. Chem. Rev., 2004, 104 (1): 139 – 174.

[42] Gamelin D R, Güdel H U. Design of Luminescent Inorganic Materials: New Photophysical Processes Studied by Optical Spectroscopy [J]. Acc. Chem. Res., 2000, 33 (4), pp 235 – 242.

[43] Chen X Y, Zhuang H Z, Liu G K. Confinement on energy transfer between luminescent centers in nanocrystals [J]. J. Appl. Phys. 94, 5559 – 5565 (2003).

[44] Capobianco J A, Boyer J C, Vetrone F, et al. Optical Spectroscopy and Upconversion Studies of Ho[3+] – Doped Bulk and Nanocrystalline Y2O3 [J]. Chemistry of Materials. Volume 14, Issue 7 pp 2915 – 2921.

[45] Heera S, Petermannb K, Güdela H U. Upconversion excitation of Cr[3+] emission in YAlO3 codoped with Cr[3+] and Yb[3+] [J]. Journal of Luminescence. Volumes 102 – 103, May 2003, Pages 144 – 150.

[46] Heer S, Kömpe K, Güdel H U, et al. Highly Efficient Multicolour Upconversion Emission in Transparent Colloids of Lanthanide – Doped NaYF4 Nanocrystals [J]. Advanced Materials. Volume 16, Issue 23 – 24, pages 2102 – 2105, December, 2004.

[47] Bhawalkar J D, He G S, Prasad P N. Nonlinear multiphoton processes in organic and polymeric materials [J]. Reports on Progress in Physics Volume 59 Number 9. Rep. Prog. Phys. 59 (1996) 1041.

第6章
典型的太阳光泵浦固体激光器系统

第1章已经提到,根据不同的分类方法将太阳光直接泵浦激光器进行分类,如按泵浦方式分类、按汇聚太阳光功率方式分类以及按汇聚方案分类。其中,太阳光汇聚系统是太阳光直接泵浦激光器的关键环节,聚光效果决定激光器能否出光。本章将从汇聚方案的角度对各种典型的太阳光直接泵浦固体激光器系统进行介绍。

6.1 成像型太阳光泵浦固体激光器系统

成像光学器件多级汇聚系统的基本设计思路即通过组合成像系统将太阳成像于激光工作物质上。

成像型光学汇聚系统多采用多级汇聚的形式,最终将太阳成像于激光工作物质上,进而实现对激光工作物质的侧面泵浦或端面泵浦。最初多采用卡塞格林望远镜结构的汇聚系统,首先用大口径物镜作为第一级汇聚,再由二次曲面型的反射镜将物镜汇聚的太阳光成像于激光工作物质上。

1965 年美国光学公司的 C. G. Young 采用的多级汇聚的形式,首次报道了太阳光泵浦固体激光器[1]。整个聚光系统分为二或三级,第一级是口径 610mm 的抛物面反射镜,双曲面柱镜作为第二级汇聚,半圆柱面镜作为第三级汇聚。

第一级太阳光收集系统为直径 61cm,焦比 $f/1.5$,表面镀铝抛物面反射镜。太阳光经抛物面经反射后,在焦点处汇聚成一个太阳的像,在合适的位置处放置第二级双曲柱面汇聚系统,焦点处太阳的像被再次汇聚成一个与激光工作物质外形(柱面)相匹配的太阳的像,进而形成对激光工作物质侧面泵浦的效果。太阳光汇聚系统还包括电机驱动的俯仰调整器、方向角调整器、太阳方位瞄准镜等装置。太阳光汇聚装置如图 6-1 所示。

已知太阳辐射发散角为 10mrad,由第一级抛物面反射镜的焦比为 $f/1.5$ 可计算得经抛物面反射镜的汇聚,在其焦点处光斑直径为9mm。为有效利用泵浦光,故需增加一个二级汇聚系统,压缩太阳光斑直径,进而便于将太阳光耦合进激光工作物质。

当激光器采用侧面泵浦的方式时,二级汇聚系统可选用半月板形消球差镜与超半球消球差镜相组合的方法构建。如图6-2所示,两个SF-4消球差折射透镜组成数值孔径为0.95的透镜组,压缩抛物面反射镜焦点处光斑直径至3mm。在超半球消球差透镜的后端链接外直径4mm的玻璃材质光波导管,波导管侧面施用镀银工艺,使耦合进玻璃导管的太阳光经过多次反射进入直径0.4mm的棒状激光工作物质的侧面。

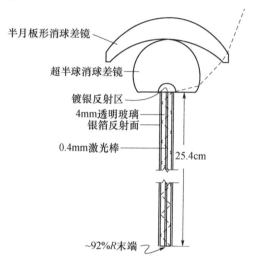

图6-2 太阳光二级汇聚系统(形成端面泵浦耦合的高数值孔径透镜组合)

图6-1 太阳光泵浦激光器聚光系统实物图

图6-3展示了另一种二级汇聚的方法,即将一个开口直径为9mm的锥形腔置于抛物面反射镜焦点处,锥形腔侧面施用镀银工艺,增加其侧面反射率。在锥形腔内对直径3mm,长30mm的棒状激光工作物质进行端面和侧面的混合泵浦。

依据卡塞格林望远镜系统为设计原型,选用双曲柱面反射镜作为二级汇聚镜头可有效简化太阳光汇聚系统。双曲柱面反射的二级汇聚镜可免去前面提到的对二级汇聚系统的冷却等复杂装置,消除了菲涅尔损耗,降低了反射损耗。柱面镜的反射面与第一级汇聚系统的抛物面反射镜施以相同的镀铝工艺,在泵浦波段其反射率可以高达85%。双曲柱面反射镜作为二级汇聚系统的激光器光学原理图如图6-4所示。

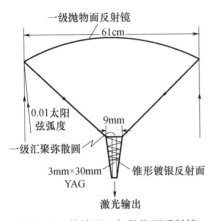

图 6-3 前端开口与抛物面反射镜焦斑相匹配的锥形镀银反射腔

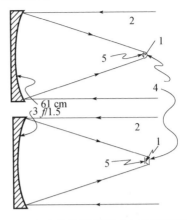

图 6-4 卡塞格林望远镜式太阳光汇聚系统
1—YAG 晶体;2—太阳光;3—抛物镜;
4—双曲线型圆柱镜;5—第三级汇聚。

经过多种二级汇聚系统的讨论,对比之下,改良后的卡塞格林望远镜汇聚系统是最适合于成像型太阳光泵浦固体激光器的。通过计算优化聚光系统的光学参数,获得了最小图像体积的镜片形状,双曲镜面采用不锈钢材质,表面镀铝,镜面后侧采用循环水冷。图 6-5 即为去除三级汇聚镜的太阳光直接泵浦激光器的实物图。太阳汇集成像尺寸为 $\phi 3 mm \times 24 mm$,侧面泵浦激光工作物质为 $\phi 3 mm \times 30 mm$ 的 Nd: YAG 晶体。激光工作物质同样采用循环水冷的方式制冷,机械结构通过二维调整结构完成太阳的对准聚焦。在实验中,分别在激光工作物质的两个端面获得了 0.8W 和 0.2W 激光输出。该系统获得总功率为 1W 的激光输出,太阳光到激光的转换效率为 0.57%。

图 6-5 C. G. Young 太阳光泵浦激光器实物图

2011 年,来自日本丰田中心研发实验室(TOYOTA Central R&D labs)的 Kazuo Hasegawa 等人报道了一种微型棒状激光工作物质的成像型太阳光泵浦固体激光器的实验[2]。通过离轴抛物面反射镜,将平行太阳光在 50mm 焦距处汇聚成一个直径 0.5mm 的光斑。离轴抛物面反射镜聚光比为 10626,其表面镀铝处理,其反射率为 92%,数值孔径为 0.5。图 6-6 为太阳光泵浦微型棒激光器结构配置图。

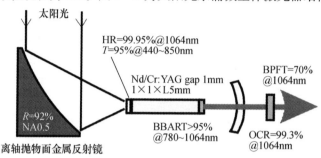

图 6-6　太阳光泵浦(微型 Nd/Cr:YAG 激光棒)激光器示意图

聚焦成像后的光斑从端面泵浦棒状 Nd/Cr:YAG 激光工作物质,其尺寸为:ϕ1mm×5mm。在晶体棒前端面镀在 1064nm 波段反射率为 HR = 99.95% 的高反膜和在 440~850nm 波段透射率 T = 95% 带通膜。激光工作物质后端面镀在 780~1064nm 波段透过率为 T > 95% 的带通增透膜。激光耦合输出镜反射率为 R = 99.3%,在激光器输出端增加透过率为 70% 的带通 1064nm ± 10nm 滤波片。

实验中,离轴抛物面反射镜与激光谐振腔固定于太阳方位自动跟踪装置上,激光器系统启动后,装置自动跟踪太阳方位。激光器输出激光通过光纤输出到激光探测仪器。最终实验获得了 1.7mW 左右的激光输出,激光器阈值功率为 14.6mW,斜效率为 4.28%(图 6-7)。

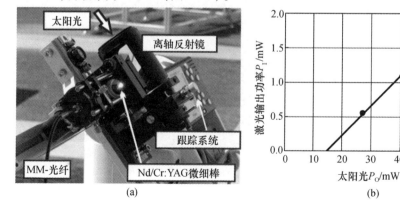

图 6-7　(a)丰田中心研发室太阳光泵浦激光器实物图;(b)功率输入、输出曲线

6.2 非成像型太阳光泵浦固体激光器系统

非成像光学汇聚系统中,依然采用大口径成像物镜作为第一级太阳光汇聚系统,而第二级汇聚系统变为非成像光学器件,非成像器件可有效利用边缘光线,提高泵浦光汇聚后的功率密度。非成像光学器件的设计基于边缘光线理论,即所有进入非成像器件的光线(包括边缘光线)都能通过器件出射面,由于出射光线只需落在出射面的范围之内而不需成像,故称此类光学器件为非成像器件。

1988 年,美国芝加哥大学的 P. Gleckman,从聚光器最大汇聚比的热力学计算着手研究,获得了两级非成像式太阳光汇聚系统理论上 1.02×10^5 的几何汇聚比[3]。图 6 - 8 为其设计的非成像折射器子午截面图。

非成像折射器利用边界光线原理,保证了每一条通过入射面的光线都能够经过反射最终通过出射面。图 6 - 8(a)中示出了四条光线组成的一级汇聚光束,其中左右两条边界光线代表着能够通过折射器的临界光线。可以很容易看到,两条临界光线能经过折射器侧壁的反射而最终通过出口,因此即可判定入射面内所有两条临界光线间的光束都能够在经过折射后通过出射口。图 6 - 8(b)以三维立体图的形式展示了非成像折射器的汇聚效果图。

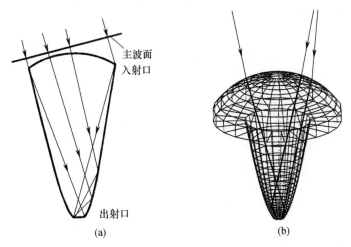

主波面
入射口

出射口

(a)　　　　(b)

图 6 - 8　美国芝加哥大学 P. Gleckman 太阳光二级汇聚 CPC 系统示意图

Gleckman 设计的太阳光汇聚系统为两级汇聚系统,第一级汇聚系统采用传统的抛物面反射镜,直径为 406mm,厚度与直径比为 1 : 6。经过第一级反射镜的汇聚,在其焦点处形成直径 9.8mm 的光斑。第二级 CPC 汇聚系统的进光口位于抛物面反射镜焦点处,Gleckman 设计的两级汇聚系统如图 6 - 9 所示。

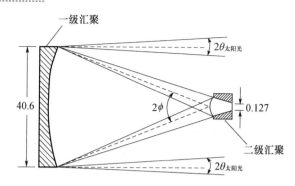

图 6 - 9　Gleckman 设计的两级汇聚系统原理图

其中,第一级汇聚系统是焦距为 1016mm 的抛物面反射镜望远镜系统。由于太阳光发散半角为 4.66mrad,可获得 9.8mm 的汇聚光斑,边缘光线角度为 11.5°。

第二级汇聚系统为非成像式折射器,折射器前端是直径为 15mm,焦距为 18mm 的 BK7 玻璃平凸透镜,其折射率为 1.51。后端是入射口径为 9.77mm,出射口径为 1.27mm 的折射腔,为了增大折射率,折射器内充满折射率为 1.53 的油质液体,折射器表面采用镀银工艺。将入射端口放置在第一级汇集系统的焦点处,获得汇聚直径为 1.27mm 的出射光斑。

这种汇聚系统输出的太阳光功率密度高达 44W/mm²,相当于 56000 个太阳常数,汇聚光斑的功率可达 56W。

Gleckman 设计的两级太阳光汇聚系统作为复合抛物面反射镜(CPC)器件的雏形,为太阳光泵浦激光器的聚光系统发展做出了铺垫,图 6 - 10 为 Gleckman 设想的两级汇聚太阳光直接泵浦固体激光器示意图。

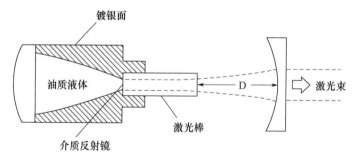

图 6 - 10　Gleckman 设想的两极汇聚太阳光端面泵浦激光器示意图
(未示出抛物面反射镜)

20 世纪 80 年代后期到 20 世纪末期,是太阳光直接泵浦激光器发展的重要时期,研究重点是提高激光输出功率、改善光束质量以及应用各种激光技术。以色列 Weizmann 科学研究所多次报道了利用非成像复合抛物面聚光器(CPC)作为二级汇聚系统侧面泵浦棒状激光工作物质的研究。

这一阶段,以色列 Weizmann 科学研究所的研究成果处于世界领先水平,该所建立了巨型太阳能塔,研究各种方式运转的太阳光泵浦固体激光器。

该研究所使用的太阳光汇聚系统为 1988 年建设的高 54m 的太阳塔(又称太阳炉,solar furnace),该太阳塔采用 64 块 $11/4 \times 11/4 m^2$ 定日反射镜片构成面积为 $10 \times 10 m^2$ 的太阳光反射阵列,地面每个定日反射镜都配备双轴太阳方位跟踪装置。该所进行的太阳光泵浦激光器实验的泵浦光源均是由太阳塔提供的。图 6-11 所示为阵列式平面镜反射汇聚装置,即太阳塔。

(a)　　　　　　　　　　　　(b)

图 6-11　Weizmann 科学研究所太阳能塔

1988 年,以色列 Weizmann 科学研究所的 M. Weksler 和 J. Shwartz 使用成像与非成像器件结合的两级汇聚系统[4]。第一级汇聚系统是由大的 600 块小球面反射镜组成的直径 14m 的聚光球面形阵列,将太阳塔收集汇聚的太阳光反射聚焦到预定目标,图 6-12 为太阳塔汇聚太阳光至第一级汇聚系统的光路示意图。

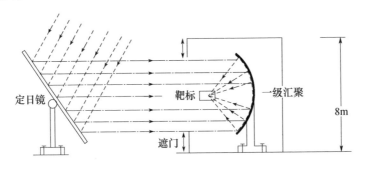

图 6-12　太阳塔汇聚系统光路示意图

M. Weksler 的实验中,第二级汇聚系统为复合抛物面聚光器(CPC),如图 6 – 13 所示。将 CPC 的入射端口放置在第一级汇聚系统的焦点处,光线通过 CPC 反射,最终将会有 5kW 的泵浦光被汇聚在棒状激光工作物质的侧面。激光棒在如此高功率密度的辐照下,自身的热效应是非常严重的,因此对激光工作物质的冷却工作是必不可少的。M. Weksler 等人将激光工作物质置于派热克斯玻璃制成的直径 10mm 的冷却通道内,实现了对晶体的循环制冷,保证了激光晶体的正常工作。

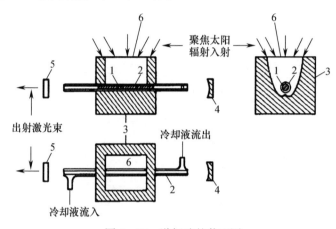

图 6 – 13　谐振腔的截面图

1—激光棒;2—冷却通道;3—复合抛物面聚光器;4、5—谐振腔镜;6—聚光器开口孔径。

通过侧面泵浦 $\phi6.3mm \times 75.6mm$ 的 Nd:YAG 晶体,实验获得了功率超过 60W 的稳定激光输出,斜效率为 2%。

1992 年,该所的 V. Krupkin 等设计了利用三级汇聚系统实现输出激光功率 500W 的太阳光泵浦激光器[5]。设计模型如图 6 – 14 所示。

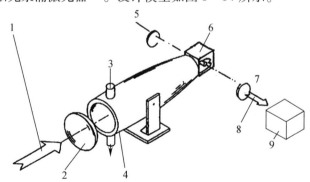

图 6 – 14　三级汇聚系统设计模型图

1—入射太阳光束;2—石英窗口;3—N_2 气流;4—第二级汇聚系统;5—激光全反镜;

6—第三级汇聚系统 2D – CPC;7—激光输出镜;8—激光束;9—激光功率计。

　　该实验方案的能量来源为该研究所的太阳能塔,第一级汇聚系统为镀反射铝膜的 3D – CPC,入射口径 35cm,光线接收全角为 24°,长度为 1m。第二级汇聚系统为入射端面尺寸为 4.7cm×6.7cm,接收全角为 80° 的 2D – CPC,激光棒放置在 CPC 内的水冷管中心。

　　实验测量得到 3D – CPC 的最大出射功率达到了 23kW,泵浦 ϕ6.34mm×75mm 的 Nd: YAG 激光棒,由于热效应的影响,获得了最大 80W 的激光输出。

　　2012 年,日本东京理工大学 Takshi Yabe 研究小组,采用尺寸为 2m×2m,焦距 2m 的菲涅尔透镜作为第一级太阳光汇聚系统,如图 6 – 15 左图所示。表面镀铝的锥形聚光腔为第二级聚光系统,通过端面、侧面混合泵浦的方式,对尺寸为 ϕ6mm 的 Nd: YAG 激光介质直接泵浦,获得了 120W 的激光输出,相当于每平方米面积的太阳辐射能够获得 30W 的激光输出[6],这是当时报道的最高效率,相应的斜率效率为 4.3%。

　　在 Takshi Yabe 等人的研究中,首次采用一种分腔式的水冷设计,利用了冷却水的液体光波导透镜作用以改善泵浦光在激光介质上的分布,图 6 – 15 右图示出了具有液体光波导透镜功能的太阳光泵浦激光器锥形聚光腔示意图。

　　图 6 – 15 右图(a)中,锥形谐振腔前端开口直径为 80mm,整体腔长 90mm。实验过程中,锥形腔前端窗口玻璃与整个锥形腔形成密闭空间,通过进、出两个水嘴对锥形腔和激光工作物质进行水循环冷却。在 2009 年的报道中,实验获得了最高 80W 的连续激光输出,斜效率为 4.3%。

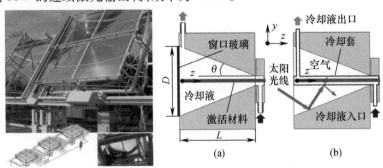

图 6 – 15　第一级汇聚系统菲涅尔透镜和具有液体光波导透镜的
太阳光泵浦激光器锥形聚光腔
(a)锥形混合泵浦腔;(b)液体光波导混合泵浦腔。

　　图 6 – 15 右图(b)为该小组在 2012 年对锥形腔内激光工作物质的冷却结构作了改进后的光路示意图。在不改变锥形腔结构的情况下,将激光工作物质单独置于冷却导管内,形成液体光波导透镜(Liquid light – guide lens)。2012 年

2 月 20 日,在日本东京每平方米太阳辐照强度为920W 的室外,实验小组最终获得了总共 120W 的连续稳定激光输出,即太阳光收集效率为 30W/m²,这一数值是当时太阳光直接泵浦固体激光器的最高数值。实验组测得输出激光的光束质量因子为 $M^2 = 137$。

国内,北京理工大学的研究小组在自然科学基金项目资助下,于 2004 年在国内率先开展了太阳光直接泵浦固体激光器的研究,并在 2008 年底成功获得了太阳光直接泵浦固体激光器的激光输出。研究小组一直坚持理论研究和实验改进,对太阳光直接泵浦固体激光器的研究从未间断。

2011 年,该研究小组搭建了基于菲涅尔透镜、锥形泵浦腔的二级泵浦系统,系统包括菲涅尔透镜、锥形泵浦腔、腔内冷却液(去离子纯净水)和激光晶体棒。太阳光泵浦激光器结构示意图如图 6 – 16 所示。

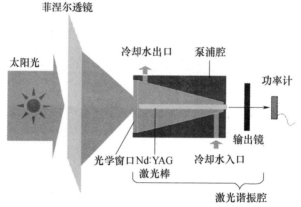

图 6 – 16　太阳光泵浦激光器实验装置示意图

由于抛物面反射镜的体积大、精度要求高、价格昂贵等因素,本实验选用体积小、制作成本低、质量轻的菲涅尔透镜作为第一级太阳光汇聚系统。实验中菲涅尔透镜材料为聚甲基丙烯酸甲酯(PMMA),其可对 400 ~ 900nm 波段内的太阳光进行汇聚。菲涅尔透镜的尺寸为 1.4m × 1.05m(有效面积 1.03m²,焦距 1.2m),锥形聚光腔作为侧面泵浦光汇聚系统,将未能耦合进 Nd: YAG 晶体棒端面的太阳光反射到晶体棒的侧面对其进行泵浦。

为获得更好的端面泵浦效果,图 6 – 16 中锥形腔的光学窗口设置为透镜对泵浦光汇聚整形,作为第二级泵浦光汇聚系统。二级汇聚透镜与锥形腔安置于菲涅尔透镜的焦点处,从而提高太阳光到工作物质端面的耦合效率。试验系统中,菲涅尔透镜和聚光腔安装在由步进电机驱动的太阳跟踪平台上,通过四象限原理对太阳位置自动追踪,实现实验系统与太阳位置的实时同步,进而获得稳定的激光输出。图 6 – 17 为该小组建立的太阳光泵浦激光器实验装置。

图 6 – 17　配备太阳自动跟踪装置的
太阳光泵浦激光器实验装置

　　该研究小组在 2013 年发表的研究成果中[7]，通过优化分析，设定了激光器系统锥形腔的最优参数。实验定制聚光腔外壳是硬铝材料的长方体，聚光腔是一个前端口径 30mm、后端口径 8mm、总长度 90mm 的锥形腔体，内表面为光学镀金反射面。腔内激光工作物质选用尺寸为 $\phi6mm \times 100mm$ 的 Nd:YAG 晶体棒，其中 Nd^{3+} 离子掺杂浓度为 1%。固定在腔外的耦合激光输出镜透射率为 3%。

　　在北京晴朗的天气条件下，测得太阳光辐照在地面的功率密度约为 $900W/m^2$。经过菲涅尔透镜的汇聚，测得其焦点处的太阳光功率可达 419W。普通金属锥形腔激光器系统在此实验条件下获得了 22W 的稳定连续激光输出。

　　2014 年，该研究小组为进一步解决晶体棒侧面泵浦光耦合效率低的问题，设计、研制了分腔水冷型太阳光泵浦激光器系统。图 6 – 18 为太阳光泵浦激光器分腔水冷实验结构示意图。在不改变太阳光会聚系统的情况下，对激光谐振腔进行重新设计。为与金属锥形腔形成对比，本组实验的聚光腔仍为前端口径 30mm、后端口径 8mm 的锥形腔体，内表面为光学镀金反射面。

　　新型腔体为改善侧面泵浦光耦合效率，在锥形腔内添加柱形石英导管。锥形腔的轴线与石英管的轴线重合，在锥形腔中形成一个独立的内腔，Nd:YAG 晶体激光棒安置于石英导管的轴线上。在石英导管两端开设进出水口，用来为激光晶体棒冷却。为保证对比实验效果，腔内激光工作物质仍选用 $\phi6mm \times 100mm$ 的 Nd:YAG 晶体棒，激光耦合输出镜透射率为 3%。

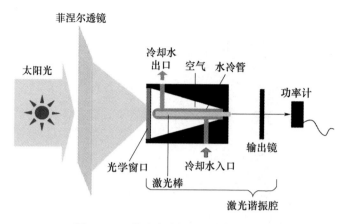

图 6 - 18   分腔水冷锥形腔结构示意图

在相同的泵浦功率条件下进行对比实验,分腔水冷型激光器系统获得了收集效率达到 32.1W/m² 的连续激光输出,是目前太阳光直接泵浦固体激光器收集效率的最高值。

通过加设分腔水冷系统,参与侧面泵浦的太阳光线在经光学镀金面反射后,缩短了光线在水中的光程。图 6 - 19 为水对不同波长太阳光的吸收曲线图[8],阴影部分为太阳光泵浦激光器系统的主要吸收波段,可以看出,在 Nd:YAG 晶体的主要吸收波段,液体水都有着比较强的吸收特性。图 6 - 20 示出了在太阳光光谱曲线中,Nd:YAG 晶体的五个吸收峰(阴影区)。通过缩短侧面泵浦光在水中的光程,减少了冷却水对泵浦光的吸收损耗,进而提升了激光器的激光输出功率。

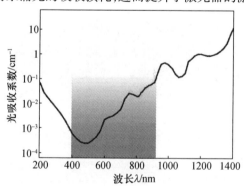

图 6 - 19   水对不同波段太阳光的吸收曲线

其次,采用分腔水冷系统,提高了侧面泵浦光的利用效率。侧面泵浦光经镀金面反射后,通过石英管以及冷却水的折射,有更多的光线被耦合到晶体棒的侧面,增加了侧面泵浦光的耦合效率。图 6 - 21 为石英导管耦合侧面泵浦光的示意图。

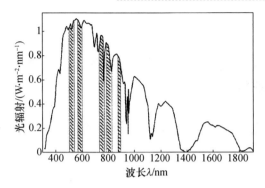

图 6-20 太阳光光谱图(阴影部分为 Nd: YAG 晶体的吸收波段)

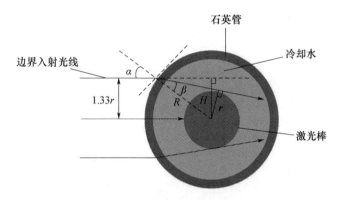

图 6-21 石英导管耦合侧面泵浦光示意图

运用折射定律分析分腔水冷系统内的光路,图 6-21 中边界光线以 α 角入射,经石英管和液态水后以 β 角折射,光线在石英管腔内与激光棒横截面相切,边界入射光线即为激光晶体侧面可吸收的最外侧光线。由折射定律可得

$$\frac{\sin\alpha}{\sin\beta} = \frac{n_{water}}{n_{air}} \qquad (6-1)$$

在腔内添加石英管后,腔壁反射的侧面泵浦光线经过空气和冷却水传播后入射,激光棒的有效吸收半径为 H。在不添加分腔水冷结构的实验组,侧面泵浦光线在冷却水中直接入射到激光棒侧面,侧面入射的临界光线即为与激光棒横截面相切的边界光线,普通金属腔内激光棒的有效吸收半径为 r。由此可得

$$\frac{H/R}{r/R} = \frac{\sin\alpha}{\sin\beta} \qquad (6-2)$$

从几何光学角度分析,式(6-1)中取 $n_{water} = \dfrac{4}{3}$,$n_{air} = 1$,在式(6-2)中得

$\dfrac{H}{r} = 1.33$,即分腔体水冷系统的设计增加了晶体棒 33.33% 的有效吸收直径。

分腔水冷系统减少了冷却水对太阳光的吸收,降低了泵浦光在水中吸收损耗。利用空气折射率小于液态水折射率的原理,分腔体水冷结构增加了激光工作物质的有效吸收半径,进而拓展了晶体棒吸收光束的宽度,最终得以获得目前最高数值的太阳光收集效率。

6.3 光波导型太阳光泵浦固体激光器系统

光波导型太阳光泵浦固体激光器从汇聚方法上讲,依然属于非成像型泵浦光汇聚方案。其主要是利用特定形状的光波导材料的波导特性,将初级汇聚系统获得的高功率密度太阳光传导至激光工作物质表面。

葡萄牙新里斯本大学的梁大巍教授尝试把光波导石英体引入太阳光泵浦激光器的泵浦系统,以改善输出泵浦能量分布,提高输出激光的光束质量。2008年,J. P. Geraldes 教授与梁大巍教授研究组提出了集合光导椭圆圆柱腔[9],以改善晶体棒侧面泵浦光分布,从而获得更好的侧面泵浦效果。图 6 – 22 为集合光导圆柱腔光学示意图。

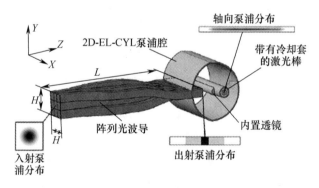

图 6 – 22　集合光导椭圆圆柱腔

研究组选用 9 个正方形截面的熔融石英条形成光波导,在光波导入射端,9个小正方形截面组成一个 20mm × 20mm 的正方形。之后每一个波导向激光谐振腔延伸,最终铺成一列,形成一个 60mm × 6.67mm 的矩形光波导出射面。再将由 9 条光纤型光波导组成的波导体的入射端放置于初级太阳光汇聚系统的焦点处,波导体的出射端置于椭圆柱体 2D – EL – CYL 谐振腔的一条焦线上。

利用熔融石英光波导作为太阳光能量的传递,其中一个重要环节就是保证正方形波导入射端太阳光的位置准确。当入射端初级汇聚系统聚焦的太阳光斑出现方位偏差时,在光波导出射端就会形成相应的能量分布偏差。图 6 – 23 示出了入射端的不同光斑偏差所对应的出射端的能量分布。(a)为不存在入射偏差的情况,即聚焦光斑正中心入射到光波导内,此时在出射端就会看到集中的能量出射;当入射光斑分别出现(b)、(c)和(d)中的入射偏差时,与之相对应出射端的能量密度分布。

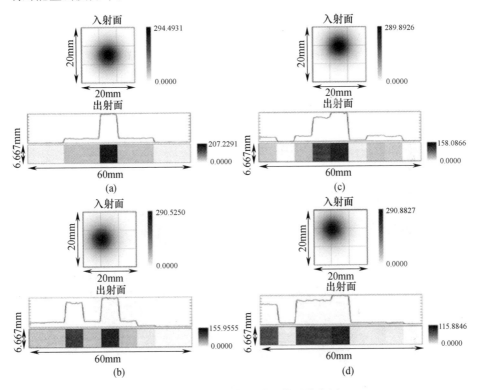

图6-23 熔融石英光波导能量分布图

该研究小组设计的2D-EL-CYL谐振腔截面图如图6-24所示,图中谐振腔由部分圆柱形反射面与截断的椭圆柱面组成密闭谐振腔(谐振腔两侧的密

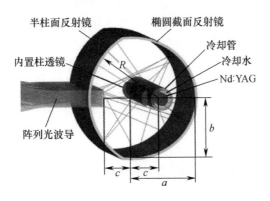

图6-24 椭圆柱面激光谐振腔截面图

闭装置以及激光输出耦合装置未示出),泵浦光通过石英光波导的传递,进入到激光谐振腔。棒状 Nd: YAG 激光工作物质被置于椭圆柱形腔的焦线上,用充满水的导管对激光晶体进行循环水冷。图中标注的 a 和 b 分别代表椭圆截面的主轴和次轴,R 代表部分圆形截面的半径,c 为光波导的出射端距光学介质的距离以及光学介质距离激光工作物质侧面的距离。

2009 年,梁大巍等人再次报道了与 2008 年类似的光波导聚光系统的太阳光泵浦激光器系统。在这一光波导系统中,光波导的入射端不再是由 9 个正方形截面的熔融石英组成的大正方形,而是由 7 根石英光波导体熔融而成的一个近六边形入射点,光波导聚光系统如图 6-25 所示。

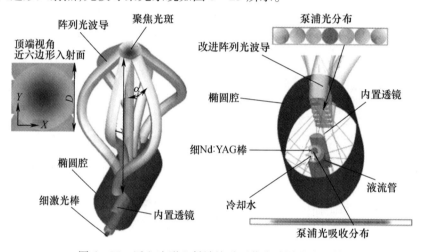

图 6-25　近六边形入射端熔融石英光波导聚光系统

当近六边形光波导入射面置于初级太阳光汇聚系统的焦点处时,入射的太阳光将沿着图中的 7 根熔融石英光波导管进入到密闭的椭圆柱面激光谐振腔。7 个圆形的小光波导出射面组成一个近似矩形的出射面,将太阳能量传递到柱面镜形状的光学介质镜,对泵浦太阳光再次整形,使从介质面出射到激光工作物质表面的太阳光能量密度分布更加均匀。与之前的实验设计一样,棒状 Nd: YAG 激光工作物质置于冷却导管内循环水冷。

利用光波导传递泵浦能量,保证了泵浦光到达激光工作物质表面时的均匀度,避免了因泵浦不均匀而产生的一系列问题,对提高激光器光束质量有着巨大的贡献。

6.4　太阳光泵浦光纤激光器系统

太阳光直接泵浦光纤激光器是目前极具潜力的一种可能获得高能量转换效

率和高功率激光输出的太阳光泵浦固体激光器。更因为其输出激光方向灵活机动，易于实现功率的级联倍增，方便冷却、光束质量好、功率密度高等优点而受到研究者的青睐。

太阳光泵浦光纤激光器是在 1997 年被首次提出的。之后有研究人员运用碘钨灯泵浦来代替自然太阳光的泵浦演示太阳光泵浦光纤激光器。但自然太阳光与模拟太阳光在光谱上有着一定的区别，特别是在光源的聚光系统方面。因此，运用模拟太阳光所做的泵浦实验，很难在自然光的照射下正常工作。

2012 年，日本丰田中央研发实验室的 Shintaro Mizuno 等人做了自然太阳光直接泵浦光纤激光器的实验，Shintaro Mizuno 等人利用掺钕氟锆酸盐玻璃（Nd：ZBLAN – DCF）光纤作为激光工作物质，用一个直径 50mm 的离轴抛物面镜作为太阳光的反射汇聚系统，聚光比为 10^4。太阳光被反射聚焦耦合进入光纤之内，使得部分太阳光能够入射到光纤的芯层。实验中，研究小组实现了太阳光泵浦光纤激光器的激光输出[10]。图 6 – 26 展示了太阳光泵浦光纤激光器系统的原理图。

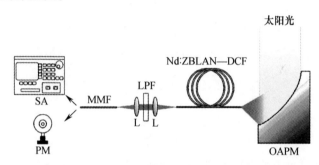

图 6 – 26　太阳光泵浦光纤激光器系统的原理图

由于激光器获得激光输出的特性参数如斜效率、激光阈值等数值都与激光器所获得的泵浦光功率密度紧密关联，激光器一般都是在较高泵浦功率密度的条件下工作的，所以需要为激光工作物质提供一个较高功率密度的太阳光作为泵浦源，而不仅仅是一个足够大的总泵浦光功率。为提高功率密度，太阳光聚焦系统的聚光比 C 是必须提高的。

$$C = \left(\frac{R \times \sin\theta_{\mathrm{f}}}{\sin\theta_{\mathrm{sun}}} \right)^2 \qquad (6-3)$$

式中：R 为光学聚焦系统的反射率；$\sin\theta_{\mathrm{f}}$ 为光学聚焦系统的数值孔径；θ_{sun} 为太阳与地球间的半视场角，$\sin\theta_{\mathrm{sun}}$ 的数值取决于太阳辐射和日地平均距离。对于太阳光泵浦激光器系统中的汇聚系统，聚光比 C 的数值取决于反射聚焦系统的数值孔径 NA 和反射面的反射率 R。

实验中选用一个离轴抛物镜作为反射聚焦系统是因为在可见光范围内,其没有色差并且有着较高的数值孔径 NA 和较高反射率 R。在数值孔径 $NA = 0.5$,抛物面反射率 $R = 0.92$ 的条件下,抛物面反射聚焦系统的聚光比 $C = 10626$。

在太阳光泵浦激光器系统中,随着聚光系统的聚光比 C 的升高,致使激光器增益介质的温度也跟随升高,从而改变了激光器的激光输出效率。一般情况下,温度升高导致的激光介质的损坏,对激光器输出的光束质量和激光器的输出效率都会产生严重的影响。激光介质温度升高的热量源头主要有两方面:①量子亏损,即激发光子的能量与激光光子能量的不同;②激光增益介质未能吸收的多余泵浦光产生的热量。其中,后者可以通过改进激光介质来减少,而前者在本质上是不可能避免或减少的。激光波长 λ_L 和能量转化效率 η 的关系为

$$\eta = \frac{\int_{\lambda_s}^{\lambda_L} \frac{\lambda_i}{\lambda_L} I(\lambda_i) \, d\lambda_i}{\int_{\lambda_s}^{\lambda_e} I(\lambda_i) \, d\lambda_i} \qquad (6-4)$$

式中:λ_s 和 λ_e 分别代表增益介质吸收区间的最短波长和最长波长。Nd^{3+}:YAG 晶体棒经常作为太阳光泵浦激光器的增益介质,其理论的太阳光能量转化为波长 $1.06\mu m$ 激光的转化效率是 14.75%。其余未能吸收转化的剩余能量将在增益介质内转化为热量。

到目前为止,还没有关于无主动制冷系统的太阳光泵浦激光器的报道。对激光器系统制冷是必不可少的为避免缩短激光增益介质内的激发态粒子寿命及减少受激发射截面的激活粒子数,在一定体积内,高效的冷却机制可以带来尽可能大的有效制冷表面积。薄片型或者柱状型的增益介质可以实现较高的制冷效果。

由于光纤型激光增益介质的长光程特点,其几乎可以吸收沿光轴方向所有的泵浦光。与之相对,盘型的增益介质因为其极短的作用距离而使得其不能吸收同样数量的激发太阳光。因此,光纤型的增益介质在泵浦光的吸收方面也存在着巨大的优势。

在太阳光直接泵浦光纤激光器的实验中,最大的挑战之一便是将尽可能多的泵浦光导入光纤的芯层,因为对于单模光纤来说,其直径一般小于汇聚光学系统对太阳所成像的直径。运用离轴抛物镜面对太阳光成像,可以获得最小直径 $0.5mm$ 的像。太阳光泵浦光纤激光器的双包层结构可以高效吸收足够的泵浦太阳光,芯层的激活离子在内包层吸收太阳光。几乎所有的太阳光被捕获并作用于芯层的激活离子。总体来说,光纤型的双包层激光增益介质结构适用于太

阳光泵浦激光器。

在日本东京理工大学之前,还没有关于用太阳光激发玻璃材料增益介质的相关报道。东京工业大学报道了 Nd – doped ZBLAN(氟锆酸盐玻璃)具有较高的量子发射效率[11]。丰田中心研发实验室的研究人员最终选用 Nd – doped ZBLAN 模场直径为 $5\mu m$ 的双包层光纤构建太阳光泵浦光纤激光器谐振腔,光纤内包层直径为 $125\mu m$,数值孔径为 0.5,激光谐振腔输出镜在 1050nm 的反射率为 98.0%。

激光泵浦实验是在日本东京空气清新、晴朗少云的天气下进行的,激光工作物质中掺杂 Nd^{3+} 的吸收带如图 6 – 27 所示。太阳光在 520nm、575nm、740nm、795nm 和 867nm 波段的泵浦光被完全吸收,而在蓝光波长范围从 410 ~ 510nm、红光范围从 590 ~ 725nm 及近红外波长范围 890nm 以上波段的太阳光谱有着强烈的透射。太阳光谱的吸收效率为 56%。图 6 – 28 详细展示了在不同时刻激光发射光谱的合成图,光谱图显示在 1053nm 波长处都有一个尖峰;很多激光输出尖峰都分布在 1052 ~ 1054nm。例如,在波长 1053.7nm 尖峰处的峰值线宽为 0.01nm。

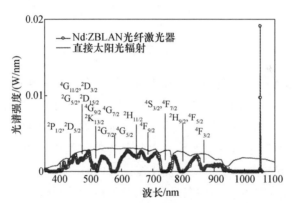

图 6 – 27 激光工作物质的吸收光谱与太阳光谱对比

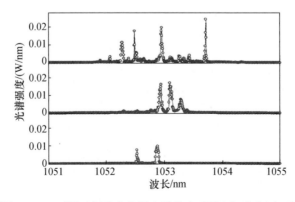

图 6 – 28 不同时刻激光发射光谱的合成图(由下到上记录)

入射到光纤内包层的太阳光功率和激光器输出激光功率的关系如图 6-29 所示。通过控制在抛物镜前通光口开闭比例来控制入射太阳光的功率,由实验获得激光器的阈值功率是 49.1mW,激光器总效率为 0.88%,最大激光输出功率为 0.57mW。如果构造一簇光纤束,就可以获得更高功率的激光输出。在此实验中,激光器的单边输出斜效率为 3.3%,因为光纤两端的反射率相同,故可估计在光纤的另一端也会有相同功率的激光输出,因此斜效率应该是 6.6%,总效率应为 1.76%。

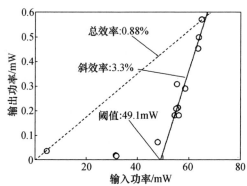

图 6-29　太阳光泵浦光纤激光器输入—输出功率曲线图

太阳光泵浦光纤激光器开辟了与普通太阳光泵浦激光器系统不同的能量转化系统。其整体体积更加小巧紧凑,便于携带安装,更有利于太阳光泵浦激光器在空间中的应用。目前的太阳光泵浦光纤激光器系统尽管阈值功率较低,但其输出功率以及能量转换效率也比普通太阳光直接泵浦固体激光器低许多,这是太阳光泵浦光纤激光器需要进一步优化提升的方向之一。相信随着相关学科技术的不断进步,更加优化特性的激光介质、光学谐振腔和离子掺杂技术会使太阳光泵浦光纤激光器获得更高的效率和更低的阈值。

参考文献

[1] Young C G. A sun - pumped cw one - watt laser [J]. Appl. Opt. ,1966,5(6):993 - 997.

[2] Hasegawa K, Ito H, Mizuo S. A solar - pumped micro - rod laser for energy conversion[C]//Photonics Conference (PHO), 2011 IEEE. IEEE, 2011: 907 - 908.

[3] Gleckman P. Achievement of ultrahigh solar concentration with potential for effective laser pumping[J]. Applied Optics, 1988, 27(21): 5438 - 5391.

[4] Weksler M, Shwartz J. Solar - Pumped Solid - State Lasers [J]. IEEE Journal of Quantum Electronics, 1988, 24(6): 1222 - 1228.

[5] Krupkin V, Thompson G, Yogev A. Compound parabolic concentrator as pumping device for solid state solar

lasers[J]. SPIE. 1993, 1971: 400 – 407.

[6] Dinh T H, Ohkubo T, Yabe T, et al. 120 watt continuous wave solar – pumped laser with a liquid light – guide lens and an Nd: YAG rod[J]. Opt. Lett. 37(13), 2670 – 2672 (2012).

[7] 徐鹏,杨苏辉,赵长明,等. 太阳光抽运激光器抽运系统优化[J]. 光学学报,2013, 33(1): 148 – 152.

[8] Hale G M, Querry M R. Optical constants of water in the 200 – nm to 200 – μm wavelength region[J]. Applied Optics, 1973, 12(3): 555 – 563.

[9] Geraldes J P, Liang D. An alternative solar pumping approach by a light guide assembly elliptical – cylindrical cavity[J]. Solar Energy Materials and Solar Cells, 2008, 92(8): 836 – 843.

[10] Mizuno S, Ito H, Hasegawa K, et al. Laser emission from a solar – pumped fiber[J]. Optics Express, 2012, 20(6): 5891 – 5895.

[11] Suzuki T, Kawai H, Nasu H, et al. Spectroscopic investigation of Nd^{3+} – doped ZBLAN glass for solar – pumped lasers. J. Opt. Soc. Am. , B 28: 2001 – 2006 (2011).

第7章
太阳光泵浦固体激光器的应用前景

本章介绍太阳光泵浦固体激光器可能的应用领域,其中包括在空间太阳能电站方面的应用、在空间激光无线能量传输与分布式可重构卫星方面的应用、在基于镁的能量循环系统方面的应用、以及太阳光泵浦固体激光器的光化学应用。

7.1 太阳光泵浦激光器在空间太阳能电站中的应用

7.1.1 空间太阳能电站概念

空间太阳能电站(Space Solar Power System,SSPS)的基本概念是将太阳能电站建设到地球同步轨道上,首先由太阳电池在空间收集太阳光并转化为直流电(DC),然后将直流电进一步转化成微波或者激光,发射到地球表面,再通过地面接收、转换装置,将微波或激光转换成电能,送入电网使用。对于激光方式,也可以将激光直接用于分解海水制氢等。

1968年美国的彼得·格拉赛(Peter E. Glaser)博士首次提出空间太阳能电站的构想[1]。空间太阳能电站相对于地面太阳能电站的优势主要体现在:不受昼夜和天气的影响,可以连续工作(在整个地球公转轨道上,只有春分和秋分的附近地球同步轨道是处在地球阴影中的,其他时间同步轨道都是完全处在太阳光的照射之下的),如图7-1所示。空间太阳能利用效率高,对于太阳定向装置和能量储存装置要求低,而且地面天线对于环境的影响较小。

能源问题是人类社会存在和发展的基本条件之一,能源问题关乎世界和平与人类发展。随着化石类能源存储量的日益减少,寻找、开发新型能源成为世界各国科技工作者重要的科研方向,太阳能利用是其中的主要研究课题。空间太阳能电站的设想为太阳能利用提供了一个可能的解决方案。

空间太阳能电站设想是一个极大胆而极富有创意的方案,是迄今为止人类太空探索中规模最宏伟、难度最大的工程,涉及能源、航天、材料、光电等多个学科,有大量的基础理论和工程技术问题需要探索。空间太阳能电站不仅可以解决能源问题,而且可以带动能源、航天、材料、光电等一系列学科和技术的发展,不仅具有极其重要的经济价值,而且对于科学技术的发展具有显著的引领和带动作用。

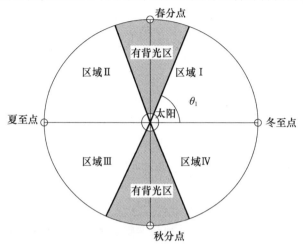

图 7 - 1　公转轨道背光区域划分

自 1968 年提出空间太阳能电站概念以来,美国、日本、欧盟等国家和组织一直在进行这方面的探索,提出了多种概念设计方案,并在基础理论和关键技术方面进行了大量预先研究。进入 21 世纪以来,特别是近年来,空间太阳能电站计划的研究有明显的加速趋势,研究计划的规模显著扩大,从概念设计转向具体技术方案设计和技术经济性能分析,美国和日本都宣布将在 2030 年建成商业运营的空间太阳能电站系统。

图 7 - 2 为 2010 年欧洲宇航防务集团提出的空间太阳能电站概念示意图。

图 7 - 2　空间太阳能电站概念图

空间太阳能电站包括微波和激光两种能量传输方式,目前美国和欧盟的设计方案以微波传输方案为主,而日本的设计方案中采用了微波和激光两种方案。其中,激光传输方式基本上采用太阳光直接泵浦激光器方案。

以激光为传输途径的空间太阳能电站方案中,直接以太阳光作为激光器的泵浦源,不经过电能转换过程,直接将太阳光转换为激光,能量转换环节少,能量转换效率有可能达到最高。在空间太阳能电站的微波和激光两种方案中,效率因素将是决定二者最终取舍的最关键指标。并且,由于基于太阳光直接泵浦固体激光器的激光途径空间太阳能电站能量转换环节最少,系统可靠性大大提高。系统可靠性对于空间系统在无人值守、不可维修环境下的长期应用是一个极其重要的指标。

美国在 20 世纪 70 年代,投入约 5000 万美元进行 SPS 系统和关键技术研究,NASA/DOE 提出了 5GW 的"1979 SPS 基准系统"方案[2],构建了空间太阳能电站基准模型。表 7 - 1 为该系统的主要参数。

表 7 - 1   1979 SPS 基准系统主要参数

参数	数据	
系统组成	卫星数目	60
	发电功率	$60 \times 5GW$
	工作寿命	30 年
太阳帆板	重量	$3 \times 10^4 \sim 5 \times 10^4 t$
	尺寸	$10km \times 5km \times 0.5km$
	材料	碳纤维复合材料
	轨道	地球静止轨道
	太阳电池	硅或砷化镓
能量转换系统	发射天线直径	1km
电力输送系统	频率	2.45GHz
	地面接收天线尺寸	$13km \times 10km$(椭圆)

后期因成本过高,1980 年后美国政府将此项目搁置,但鉴于空间太阳能电站的巨大能源潜力,对其研发工作并未停止。美国政府部门在 1997 又重新开始对空间太阳能发电方案的审视,并提出了更多新型的空间太阳能电站(SSP)方案。其中包括中等规模的发电卫星星座太阳塔(Sun Tower)方案,如图 7 - 3 所示。以及集成对称聚光系统(ISC)方案,ISC 设计的结构是由两个分开对称的太阳光收集阵列组成,两阵列面夹角为 10°,如图 7 - 4 所示。

图 7 - 3　美国太阳塔空间太阳能电站概念图

图 7 - 4　集成对称聚光系统(ISC)示意图[3]

　　1999 年,NASA 在两年内投资 2200 万美元,开展了"空间太阳能探索性研究和技术"(Space Solar Power Exploratory Research and Technology Program,SERT)计划,提出 SPS 未来发展的技术路线图,见图 7 - 5,计划于 2030 年实现 1GW 商业系统运行。2007 年美国国防部组织专家完成了《空间太阳能电站—战略安全的机遇》中期评估报告,引起了新一轮空间太阳能电站研究热潮。2009 年,美国太平洋天然气与电力公司(PG&E)宣布,与 Slaren 公司签署协议,正式向 Slaren公司购买 20 万 kW 电力,2010 年 5 月在国际 SPS 学生竞赛中发布。2010 年 5月底,美国空间协会主办的 2010 年国际空间发展会议(ISDC)的主题定为空间太阳能电站。

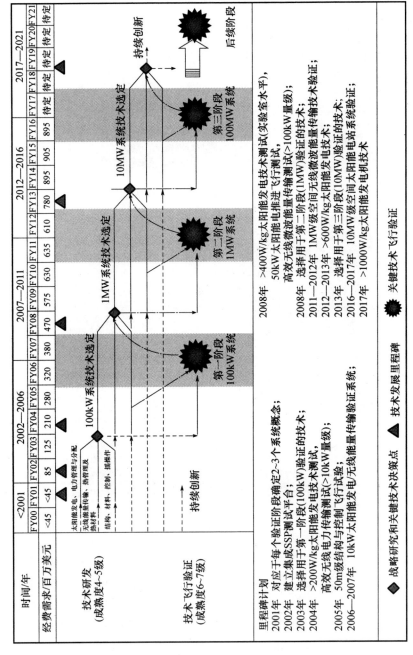

图7-5 美国发展空间太阳能电站技术路线图

日本于 20 世纪 80 年代开始进行空间太阳能电站的研究,共有 200 多名科学家参加 15 个技术工作组;90 年代起陆续推出 SPS2000、SPS2001、SPS2002、SPS2003、分布式绳系 SPS 系统等设计概念;2003 年 2 月,日本提出"促进空间太阳能利用"计划,目标是在 2030—2040 年间建设世界上第一个 GW 级商业 SPS 系统,总投资额将超过 200 亿美元。图 7-6 为日本提出的空间太阳能电站技术路线图。

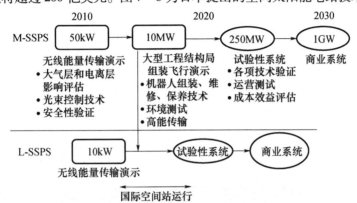

图 7-6　日本发展空间太阳能电站技术路线图

其中,对于 SPS 研究较为深入的有日本宇宙航空研究开发机构(JAXA)、无人空间试验自由飞行器研究所(USEF)、日本宇宙科学研究院(ISAS)等部门。JAXA 的研究方案包括微波途径的空间太阳能电站和激光途径的空间太阳能电站,其中以微波形式将空间太阳能传输到地球的概念模型发展较为迅速,主要原因在于微波能量的无线传输受大气干扰和天气情况影响较小,相对传输效率较为稳定。JAXA 于 2001 年发布主要由主镜、副镜、能量转换模块组成的 2001 空间太阳能电站模型,如图 7-7 所示。

图 7-7　2001 年 JAXA 空间太阳能电站模型[4]

UEEF 提出了另外一种相对简单的 SPS 设计方案,其命名为绳系式空间太阳能电站,方案如图 7-8 所示。系统为利用绳系结构自主调整姿态,不需要额外的主动控制方式,在系统运行和控制方面减少了环节,降低了技术要求,使系统运行更加可靠,该系统同样是以微波途径进行无线能量传输的。绳系式 SPS 系统略去了庞大的运动部件,使得系统的鲁棒性和稳定性得以大幅度提升。但绳系式系统无主动控制运行方式,给其带来了缺少主动跟踪太阳方位的致命效率缺陷。由于太阳光收集系统无法完成太阳方位跟踪,不能使系统一直处于最高效率太阳能收集状态。

欧洲在 1998 年开展了"空间及探索利用的系统概念、结构和技术研究"计划,提出了名为太阳帆塔(Sail Tower SPS)的概念方案,如图 7-9 所示。太阳帆塔 SPS 方案设计与美国 NASA 提出的太阳塔外形设计方案类似,其帆塔材料采用薄膜技术,降低了整个聚光系统的重量,同时利用薄膜技术,提高了对于空间太阳光的收集效率。

图 7-8 绳系式空间太阳能电站概念图[5]

图 7-9 欧洲太阳帆塔空间
太阳能电站概念图

2002 年 8 月,欧空局先进概念团队(Advanced Concept Team)组建了欧洲空间太阳能电站研究网,重点在高效多层太阳能电池、薄膜太阳电池、高效微波转换器、极轻型大型结构等先进技术方面开展研究工作。德国提出了一项全球太阳能方案(GSEK),该计划将演示在太空轨道上组装可伸缩的大型结构,为建造空间太阳能电站做准备,同时考察能源定向发射对生物和大气环境造成的影响。

1999 年 7 月召开的联合国第三次和平探索与利用外层空间会议,鼓励世界各个组织进一步研究空间太阳能电站发电的技术与经济可行性。

国际无线电科学联盟在 2001 年建立了一个空间太阳能电站跨委员会工作组,经过努力,于 2005 年发表了《空间太阳能电站白皮书》(URSI White Paper on a Solar Power Satellite),重点从卫星传输的角度对空间太阳能电站的可行性和可能造成的影响进行了评估,认为空间太阳能电站可以满足世界的能源需求而不产生明显的负面影响。同时,国际无线电科学联盟表示,将在空间太阳能电站技术发展中发挥作用。

SSPS 计划也引起了中国科技工作者的注意。1997 年,中国科学院刘振兴院士提出要跟踪国外空间能源发展趋势,开展相关基本物理过程研究。1998 年中国科学院徐建中院士就我国尽早开展空间太阳能发电研究工作提出了几点建议。其后,上海空间电源研究所李国欣教授等多次论述我国发展空间太阳能电站的必要性和相关技术基础分析。中国科学院葛昌纯院士分别在 2002 年和 2004 年两届 FGM 国际会议上与日本航天研究所相关人员探讨合作研究空间太阳能发电所需关键材料。

我国从"十一五"计划开始空间太阳能电站概念和微波传输的关键技术研究,"十二五"期间空间太阳能电站项目列入民用航天预先研究计划。2010 年 7 月,葛昌纯等 6 位院士在"中国科学院院士建议"上向国务院提出了"关于发展空间太阳能发电系统及其关键材料研究的建议"。2010 年 8 月国防科工局系统一司在北京组织召开了"空间太阳能电站发展技术研讨会",来自航天、能源、材料系统的 10 多位院士和来自 10 余所大学、中科院等单位的近百名代表参加会议。王希季院士任主席,并编辑了《空间太阳能电站发展技术研讨会会议论文集》,收录了 21 个单位提交的 51 篇论文。会议提出了争取将空间太阳能电站列入国家重大科技专项计划的设想。

2014 年 5 月,中国科学院组织召开了"空间太阳能发电"香山会议。2014 年国防科工局组织了全国范围的空间太阳能电站规划论证组,完成了我国空间太阳能电站的总体规划和技术路线图。空间太阳能电站在我国正处于起步阶段,方兴未艾。

激光与微波两种不同途径的空间太阳能电站方案在能量传输效率和能量转换效率方面各有优劣。表 7-2 为微波途径与激光途径空间太阳能电站方案对比表。

表 7-2　不同途径空间太阳能电站对比表

微波	激光
不受天气的影响	受天气影响
电到微波的转换效率为 80%	电到激光的转换效率为 60%(LD)
微波到电的转换效率为 90%	激光到电的转换效率为 60%
微波技术成熟	激光技术不成熟
微波整流天线千米量级	激光天线百米量级
发散角大	发散角小
存在大气电离层的干扰	不受大气电离层的干扰
只能转化为电能	电能和其他形式能量

空间太阳能电站系统相比于地面光伏系统有着许多优势。首先,空间太阳能电站系统位于太空中,在地球同步轨道运行。由于没有大气对太阳光的吸收损耗,系统的太阳光收集系统获得的太阳光辐射密度要比地面太阳能的辐射密度高出30%。其次,整个电站系统位于大气之外,很好地避免了地面光伏系统因天气原因以及昼夜交替而无法达到24h正常工作的自然限制因素。

经仿真计算可以得出:空间太阳能电站在地球同步轨道上一年只有72h接收不到太阳光,可以说几乎是全天时工作。而地面上的太阳能电站却只有白天才能工作,并且一天内的功率也不稳定。因此,空间太阳能电站更加稳定,持续性好。

空间太阳能电站一年接收到的太阳辐射能量为$4.2778 \times 10^{10} \mathrm{J/m^2}$,而地面上,即使不考虑大气的影响也只有太空中的1/6。要是再考虑到大气对太阳能的衰减以及阴雨天的影响,地面一年接收到的太阳能将更少。空间太阳能电站拥有诸多优势,是人类未来能源发展的重要方向之一。

7.1.2 激光途径的空间太阳能电站

以激光为能量传输方式的空间太阳能电站是空间太阳能电站的一种重要工作方式,特别是在以日本为代表的国家空间太阳能电站研究发展计划中占有重要地位,以下称为激光途径空间太阳能电站(L-SSPS)。激光途径的空间太阳能电站目前又分为两种类型,一种是以日本为代表的采用太阳光直接泵浦激光器的技术方案,另一种是以欧盟和俄罗斯为代表的首先采用太阳电池将太阳光转换为电能,然后以电能激励半导体激光器的方案。

图7-10是采用太阳光泵浦固体激光器的激光途径空间太阳能电站的基本概念示意图。

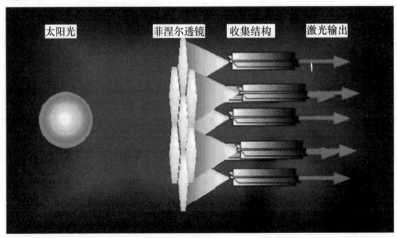

图7-10 采用太阳光泵浦固体激光器的激光途径空间太阳能电站的概念示意图

其中,菲涅尔透镜阵列用于将太阳光汇聚到激光工作物质的端面上,产生激光输出,激光工作物质的侧面是大面积的辐射板,用于在空间对激光工作物质进行散热,以保障激光器的正常工作。

日本 JAXA 于 2004 年提出的基于太阳光泵浦固体激光器的空间太阳能电站概念示意图如图 7-11 所示。

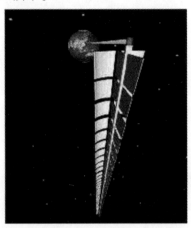

图 7-11　日本 JAXA 于 2004 年提出的基于太阳光泵浦固体激光器的
空间太阳能电站概念示意图

其中包含了 100 个太阳光泵浦固体激光器单元,每个单元的结构如图 7-12 所示。每个单元由尺度达到 200m×200m 的柱面主反射镜、第二级反射镜、太阳光泵浦固体激光器和辐射板组成。100 个单元构成串联式的激光放大系统,最终放大输出的激光束通过光束控制系统瞄准、发射到地球表面。

图 7-12　JAXA2004 系统中的一个组成单元

太阳光泵浦固体激光器系统有盘式结构(disc type)和激活镜结构(active -

mirror type)两种类型,分别如图 7-13 和图 7-14 所示。

图 7-13   盘式结构(disc type)太阳光泵浦固体激光器系统示意图

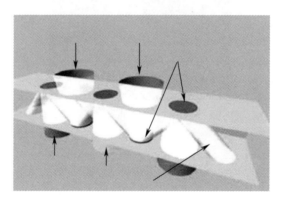

图 7-14   激活镜结构(active-mirror type)太阳光泵浦固体激光器系统示意图

在空间太阳能电站使用的太阳光泵浦固体激光器方面开展的研究工作主要集中在日本,其中最为重要的研究工作包括:①日本神岛(Konoshima)公司 2000年以来,在研制 Cr,Nd:YAG 激光陶瓷方面取得重要进展,研制的透明陶瓷具有良好的光学质量和机械性能,并且可以制备大尺寸材料和异形材料。采用 Cr,Nd 双掺离子,有效扩展了材料的吸收光谱,特别是在可见光区有重要的吸收带,能够有效提高太阳光—激光的转换效率。日本东京理工大学(Tokyo Institute of Technology)、日本激光技术研究所(a Institute for Laser Technology)和大阪大学激光工程研究所(Institute of Laser Engineering,Osaka University)开展了太阳光直接泵浦固体激光器的研究工作。东京理工大学 2009 年采用 $2m \times 2m$ 的菲涅尔透镜汇聚太阳光,泵浦 Cr,Nd:YAG 激光陶瓷,获得了 80W 的激光输出。2012年采用具有液体透镜波导作用的新型聚光腔,获得了 120W 的激光输出。大阪大学与日本激光技术研究所合作,采用弧光灯模拟太阳光,研究了各种工作条件下泵浦 Cr,Nd:YAG 激光陶瓷的特性,其中最值得关注的是将 Nd:YAG 种子激光注入到 Cr,Nd:YAG 激光陶瓷盘状激活镜放大器中,在连续弧光灯泵浦下,获得了 33% 的功率转换效率(注入 9W 弧光灯功率,获得 3W 激光输出功率),理论预测效率接近 50%,如果在真实太阳光泵浦下仍然可以保持这样高的效率,将是一个重要的技术突破,这个突破使得激光途径的空间太阳能电站相比微波途径的空间太阳能电站更具有优势。

基于激光无线能量传输的空间太阳能电站,需要实现的功能是在地球同步轨道上收集太阳能,将收集的太阳能转化为激光,再将激光发射向地面的接收站,地面接收站将接收到的激光能转换为电能,以供存储和使用。

7.2　空间激光无线能量传输与分布式可重构卫星

在太空中无线能量传输的前景首先在于使航天器之间的远程能量传输成为可能,与目前独立的星载能源设备相比,利用无线能量传输技术可依托于一个或几个大功率动力站实现对航天器电力的集中统一供应,可提高航天器的功率重量比[6]。

7.2.1　空间激光无线传能

无线能量传输(Wireless Power Transmission,WPT)系统是利用无线的方式为在特定环境下工作的目标机器提供能源支持,使其能够顺利完成被指定的任务。激光无线能量传输是利用激光作为能量传输载体进行无线供能的方法,通过激光器的电光转换得到激光束,通过空间传递到达探测器,由探测器进行光电转换,得到传输的能量,从而获得给远端设备供电的目的。

激光无线能量传输系统的基本功能:无线激光能量发射机能够驱动控制一个大功率激光器,发射满足一定要求的激光光束,并经过光学发射天线,对光束进行准直,激光器的电光转换、发射天线的透镜损失满足整机系统的效率要求。同时,系统具有瞄准对中装置,能够进行俯仰、方位的角度调整,控制发射机的瞄准方向。无线激光能量接收机能够接收发射机传送的激光光束能量,并经过光学天线汇聚到光电能量转换器的光敏面上,完成激光能量到电能的转换,给用电设备供电,如图 7-15 所示。

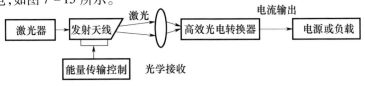

图 7-15　激光无线能量传输系统框图

国外开展激光无线能量传输技术研究的国家主要有美国、日本和德国等。目前激光无线能量传输技术仍处于试验阶段，多为几十瓦的传输功率和几百米内的传输距离，受器件、传输效率等因素影响，至今尚未有实际装备应用。

1997年，日本H. Yugami等人进行了激光无线能量传输的地面实验[7]。选用连续发射的CO_2激光器或者半导体泵浦Nd:YAG激光器作为激光发射源，获得了500m传输距离，设计的发射镜为离轴抛物面镜（口径为150mm），接收镜为离轴抛物面镜（口径为150mm）。

2002年，Sternsiek等人进行了地面激光能量传输的实验[8]。他们用激光来驱动装备有光伏电池的小车。这次实验的激光器是Nd:YAG全固态激光器，利用倍频输出532nm的绿光，激光光束经扩束后，光束直径为30～50mm，输出功率为5W，用来给小车供能，小车上装有操控指向追踪功能的微型摄像头。光伏电池的中心装有角反射镜（corner cube），用来反射照射的激光来实现追踪功能。其中，光伏电池的转换效率为25%。实现了30～200m的激光能量无线传输，实验用的小车是由FiveCo, EPFL, Lausane/Switzerland公司制作，如图7-16所示。

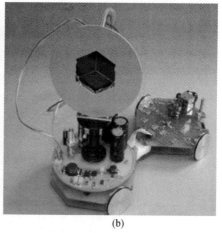

(a)　　　　　　　　　　　(b)

图7-16　欧洲宇航防务集团激光驱动的自动小车实验装置图

2006年，日本Kinki大学利用波长808nm，最大连续输出功率200W半导体激光器进行激光无线能量传输实验（图7-17）。该激光能量传输系统对装配有光伏电池的风筝、直升机激光供能，整个实验过程中，激光器转换效率为34.2%，光伏电池转换效率为21%，总的电—光转换效率为7.2%[9,10]。

2010年，美国激光动力公司利用地面的激光装置成功给携带5min飞行电量的无人机进行充电，最终无人机持续稳定飞行12.5h（图7-18）。

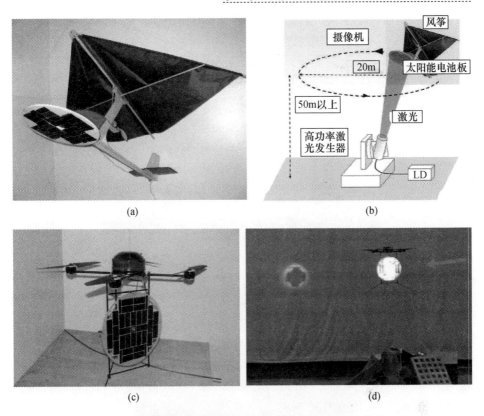

(a)　　　　　　　　　　　　(b)

(c)　　　　　　　　　　　　(d)

图 7 – 17　日本 Kinki 大学驱动风筝和小型激光无线能量传输实验

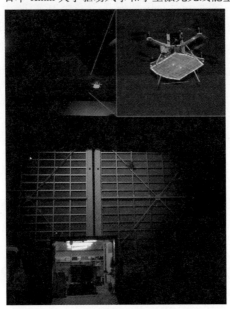

图 7 – 18　美国激光动力公司激光能量传输系统驱动无人机长时间飞行实验

157

2012 年,洛克希德·马丁公司和激光动力公司(Laser Motive)公司在风洞内验证了一种激光充电系统[11],成功地将洛克希德·马丁公司"阔步者"(Stalker)无人机系统的连续飞行时间延长到了超过 48h,这相当于"阔步者"自身能力的 24 倍。实验演示无人机激光无线充电如图 7 - 19 所示。

图 7 - 19   美国无人机激光无线充电示意图

2012 年,NASA 开展了激光驱动太空电梯的实验,此实验采用半导体激光器,电—光转换效率为 70%,用光伏电池黏附在电梯(climbers)上,最终将电梯送到了 900m 高空,均速为 3.7m/s。

太空电梯中激光器系统由劳伦斯伯克利国家实验室(Lawrence Berkeley National Lab)设计,他们采用了斯坦福线性加速器集团设计的高端室温加速器。激光器的发射波长为 0.84 μm,输出功率为 200kW 或可加强到 1000kW(目前测试的为 350kW)。激光用口径 15m 的光束指向器(beam director)发射到空中。光束指向器包括一个口径为 1m 的自适应光学主镜来进行聚焦和追踪,其材质为石墨浸渍氰酸酯复合材料。

美国开展"太空电梯竞赛"已多年,目前为止,在参赛队伍中崭露头角的多是利用激光能量无线传输系统,将激光能转化为电梯的机械能。图 7 - 20 为美国设计的太空电梯概念图。

国内开展激光无线能量传输研究的单位比较少,北京理工大学的项目组自 2012 年开始地面激光无线能量传输实验研究[12],图 7 - 21 为实验中 10m 激光能量传输系统原理图。设计了一种高效率空间激光能量传输的验证实验系统,设计并制作了新型的激光接收器,测量了系统的关键参数,解决了空间激光能量传输的部分技术难点,光伏电池光—电转换效率达到 48%,激光无线能量传输 10m 的电—电转换效率达到 18.1%。

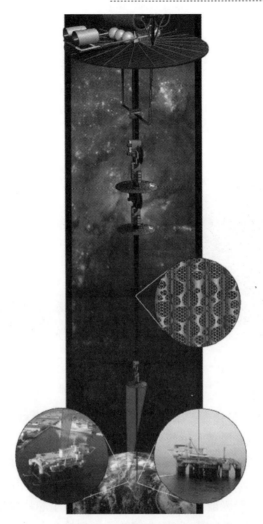

图7-20　美国太空电梯激光无线传输概念图

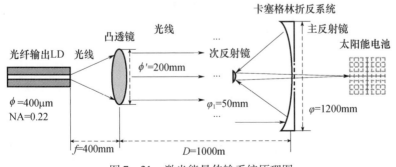

图7-21　激光能量传输系统原理图

现阶段只运用了低功率的半导体激光器,GaAs 电池还远远没有达到最大输出功率,可以增大激光功率,同时可以增大 GaAs 电池尺寸,增强电输出功率;温度对 GaAs 激光—电转换效率也有一定的影响,温度越低,效率越高。传输距离可以进一步加大,同时需要考虑大气传输的效率损耗。由于大尺寸透镜加工难度大,接收端可以采用共轴或离轴卡塞格林接收系统;发射端和接收端的校准可以采用自动追踪系统,使得系统更加自动化。图 7 - 22 为现阶段地面无线能量传输实验系统实物图。

(a)   (b)

图 7 - 22　地面无线能量传输实验系统
(a)自动跟踪望远镜系统;(b)能量接收系统。

目前激光无线能量传输技术存在的主要问题有传输总功率低、转换效率较低、输出电压低及激光能量与电池匹配问题等。

为解决上述问题,本项目组提出一种九宫格型激光—电能转换器方案,该转换器能够接收大功率半导体激光器输出的激光,且能够输出较高电压以方便后续利用电能,减少了激光能量的损失,同时减少了各个芯片接收激光功率的不均匀性,提高了能量的传输效率,能够改善能源的传输和利用(图 7 - 23)。

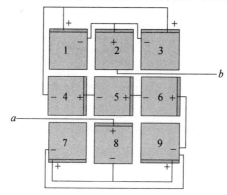

图 7 - 23　九宫格式激光无线能量传输光电转换装置

由于激光光斑一般是圆形光斑,激光能量呈高斯分布,且芯片串并联存在电流匹配问题,如果使用方形芯片会有部分光敏面没有接受到光照,影响最终的光电转换效率。为此,本项目组提出了一种圆形排布的激光电池方案。

圆形分布的激光—电能转换器由三部分组成:透镜汇聚系统、光伏电池芯片模块、散热系统。其中,透镜汇聚系统提高了照射激光功率密度,光伏电池芯片模块的封装形式减少了激光能量的损失,由于本设计提高了能量的传输效率,能够提供较高的电压输出,从而易于实现高效的 DC/DC 转换等(图 7 – 24)。

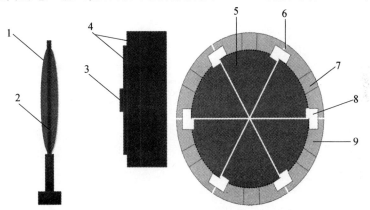

图 7 – 24 一种饼状分布的新型的激光—电能转换器

针对基于激光途径的空间太阳能电站系统方案,本项目组提出了基于太阳光直接泵浦固体激光器的激光无线能量传输系统方案,并论证了其可行性,搭建了实验系统,实现了短距离的激光无线能量传输(图 7 – 25)。

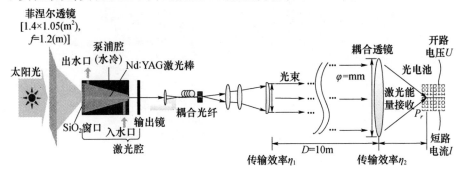

图 7 – 25 基于太阳光直接泵浦固体激光器的地面无线能量传输系统

由于太阳光直接泵浦激光器出射激光的方向受太阳光方向和激光谐振腔方向的限制,只能沿着特定的方向输出,为了方便进行激光无线能量传输实验,利用光纤柔性的特性,首先将输出激光耦合到光纤中,实现任意方向的激光无线能量传输。基于太阳光直接泵浦激光器的激光无线能量传输系统中,激光光源采用菲涅尔透镜结合锥形聚光腔的两级汇聚方案构成太阳光汇聚系统,泵浦 Nd:YAG 晶体,输出波长为 1064nm 的激光,经过光束整形耦合装置,耦合到大芯径多模光纤,并由光纤输出激光,并通过透镜组整形扩束后实现任意方向的激光无线能量传输,由定制的 InGaAs 材料的电池板接收激光能量,转换成电能。实验中测得当电池接收功率密度为 $50.8\mathrm{W/m^2}$,且激光光斑充满电池时,激光电池最大光—电转换效率 25.8%(图 7 – 26、图 7 – 27)。

图 7 – 26 基于太阳光直接泵浦固体激光器的地面无线能量传输系统

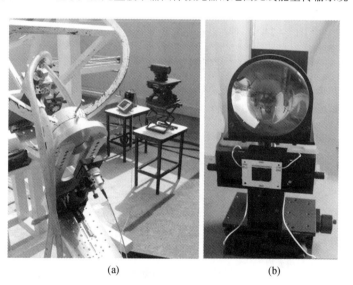

(a)　　　　　　　　　　　　(b)

图 7 – 27 基于太阳光直接泵浦固体激光器的地面无线能量传输系统实物图
(a)耦合装置、发射装置;(b)接收装置。

激光无线能量传输方程可以表示为

$$P_r = P_r \times \eta_t \times \eta_r \times \eta(L,\beta) \times \eta_A \times \tau(L) \qquad (7-1)$$

式中:P_r 为 L 处的接收光功率,其中 L 为传输距离;P_r 为发射功率;η_t 和 η_r 分别是发射和接收天线的效率;$\eta(L,\beta)$为由光束扩展导致的接收效率,其中β为光束发散角;η_A为瞄准误差产生的接收效率变化量;$\tau(L)$为大气透过率,与大气衰减系数$\alpha(dB/km)$和传输距离L有关。其表达式可表示为

$$\tau(\Lambda) = \varepsilon^{-\alpha L} \tag{7-2}$$

另外,由于激光是一种高斯光束,其光束截面的光强分布如下:

$$I(r,L) = I_0 \exp\left[-r/\omega(L)\right]^2 \tag{7-3}$$

式中:r为截面上一点到L轴的距离;$\omega(L)$为高斯光束的截面半径,它可以表示为

$$\omega(L) = \omega_0 \left\{1 + \left[\lambda L/(\pi\omega_0)\right]^2\right\}^{1/2} \tag{7-4}$$

式中:ω_0为高斯光束的束腰半径;λ为激光波长。

当高斯光束离开束腰较远时,其远场发射角为

$$\beta = 2\lambda/(\pi\omega_0) \quad L \to \infty \tag{7-5}$$

当L显著大于ω_0^2/λ时,L处光斑半径可以表示为

$$\omega(L) \approx L\beta/2 \tag{7-6}$$

假设接收望远镜正处于接收端光斑中心,那么接收光功率占接收端光斑功率的比率,即光束扩展导致的接收效率为

$$\eta(L,\beta) = \frac{\int_0^{2\pi} d\phi \int_0^{D/2} I_0^2 e^{2[-2r/(L\beta)]^2} r dr}{\int_0^{2\pi} d\phi \int_0^{\omega(L)} I_0^2 e^{2[-2r/(L\beta)]^2} r dr} \tag{7-7}$$

式中:D为望远镜口径。

同时,收发两端在对准时不可避免地会存在一定的瞄准误差,它将导致接收望远镜的中心偏离光斑中心,导致接收功率下降,产生损耗。

激光无线能量传输方向性强、能量集中,可以用较小的发射功率实现较远距离的供电,所需的传输和接收设备尺度只有微波的1/10,但对准精度要求较高。在空间活动的研究过程中,激光无线能量传输技术已经被广泛讨论,具有重大的太空使命及经济潜力。它不仅仅能显著降低成本,还能为空间系统任务和商业任务增加额外能力。激光无线能量传输在未来将会得到广泛应用。近年来,NASA、ENTECH以及UAH在大力发展空间太阳能系统,其中包括以下几方面:空间太阳能收集及转换成电能;将电能转换成激光;激光能量传输到应用终端;收集激光转换为电能并应用;激光无线能量传输技术不仅可以增加飞行器能量获取来源,延长飞行器使用寿命,加大对太空资源的利用率,同时也可为空间运载工具输电。激光无线能量传输技术能使未来卫星、飞船的能力和运营效率产生很大的提高,已成为未来航天器技术研究规划的重要部分。

以激光途径空间太阳能电站为基础的空间无线能量传输系统,将有效解决

在远离地球的宇宙空间站能源需求的问题。通过空间太阳能电站将太阳能直接转换为激光能量,利用激光无线能量传输技术,为运行中的空间站和各种工作卫星提供源源不断的能源,可大大减少各能源需求单元对太阳能电池板的依赖,减小自身体积和重量,降低了在卫星设计、卫星发射以及卫星空间运行等方面的工作难度,更加有利于大型国际空间站的建立。

7.2.2　分布式可重构卫星系统

遥感与探测是探索世界的重要手段,以航天器为载体,使得遥感和空间科学研究更加方便、快捷。分布式可重构卫星系统是一种面向未来的航天器体系结构,由多个基本组成单元即"模块航天器"组成,其本质是任务功能化、分离和相互连接,它的技术突破和实现,使遥感和科学探测等载荷的类型和数量从单个航天器的限制中解放出来,多任务载荷以及载荷升级换代可在同一个航天器系统中实现,使系统寿命和可靠性成倍提高。而各模块航天器可以快速批量制造和独立发射,在轨运行时通过无线数据链接和无线能量传输,构成一个功能完整的航天器。

2007 年,美国国防高级研究计划局(DARPA)技术部(TTO)将分离模块概念遴选为正式研究项目,命名为"F6 系统"。F6 英文全称为"Future,Fast,Flexible,Fractionated,Free – Flying Spacecraft united by information exchange",直译为通过信息交换连接的"未来、快速、灵活、分离模块、自由飞行航天器"。2009 年,DARPA 将 F6 项目的第二阶段合同授予轨道科学公司,开始进行系统的详细设计及仿真[13]。该系统由多个"模块航天器"组成,每个模块航天器有各自的任务功能,可以独立制造及发射,在轨运行时通过无线信息及能源交换将分散的模块功能和资源高效地结合在一起,使得航天器体系更加灵活,发射风险、成本低,提高了系统的寿命和可靠性。其中,无线能量传输技术为"F6"的关键技术之一。

F6 系统实现了每个单独航天器之间的互联,它们既可以单独执行各自的任务也可以相互联结协作完成大型任务。在空间实现基于无线传输技术的"即插即用"的航天器集群。图 7 – 28 为 F6 系统概念图。

7.2.3　空间激光推进与变轨

激光推进是指利用激光器发射高能量激光束,在被推进物体上与工质发生相互作用,进而产生巨大推力,获得推动飞行器前进的新概念推进技术。不论是推进原理、能量转换方式还是系统组成和应用体系,都不同于现有的化学火箭推进。激光推进技术用于火箭驱动时,具有比冲高、有效载荷比大、发射

图 7-28 F6 系统概念图

成本低等优点,因此可广泛应用于微小卫星的近地轨道发射、空间轨道碎片清除、微小卫星姿态和轨道调整控制等领域。激光推进中的飞行器、能源、工质三者是完全分离开的。飞行器与能源的分离,使得飞行器不必携带庞大笨重的能源系统,可以极大地简化飞行器结构和控制系统,缩短发射前检测周期,有利于应急发射[14]。

激光推进按照能量转换方式分类,广义上可分为三类:直接推进、间接推进和混合推进。

直接推进是指直接使用高能激光光压推进飞行器,在直接推进的过程中可产生高达 10^7 s 量级的比冲(比冲 = 光速/重力加速度),但是这种推进方式产生的推力非常小,相比于烧蚀激光推进小 5 个数量级[15]。因此,这是效率极低的电磁能—动能转换方式。这种推进方式的最大优势在于飞行器有着光速的极速上限,可用于飞行器的超高速飞行加速。

间接推进可以分为激光电推进和激光热推进[16]。电推进本身能够提供比化学推进更高的比冲,但是它不能胜任大推力的任务。电推进的高比冲使一定量的推进剂能够维持更长的时间,因此适用于飞行器或卫星的姿态控制、轨道维持以及轨道机动等辅助推进任务。电推进目前在卫星推进中已经相当普遍,但其主要通过接收太阳辐照补充电能。发展激光电推进的目的是在需要较大电力或卫星运行到没有阳光的位置时,可以利用激光束通过光电转换提供电能,这种设计可以大幅降低卫星的重量和体积[17,18]。激光热推进就是利用激光将气体、液体或固体转化为高温气体或等离子体,利用气体或等离子体高速膨胀离开飞行器时产生的反冲推动飞行器的推进方式。化学推进的一个主要局限是飞行器在每一级火箭推动下的最终速度是有限的。根据齐奥尔科夫斯基公式[19]

$V = C_{\mathrm{eff}} \ln(M_{\mathrm{o}}/M_{\mathrm{f}})$,其中 V 是火箭可以获得的最终速度,C_{eff} 是有效的推进剂喷射速度,M_{o} 是火箭的起飞质量,M_{f} 是燃料全部消耗后的火箭质量。对于化学推进,$C_{\mathrm{eff}} < 5\mathrm{km/s}$,并且对于火箭的每一级,$M_{\mathrm{o}}/M_{\mathrm{f}} < 10$,所以化学推进的每一级的最终速度只能达到 $10\mathrm{km/s}$。而在激光热推进方式下,飞行器本身并不携带能源,推进所需的能源来自外部注入,又因为激光热推进方式下的推进剂喷射速度可以大幅超过化学推进喷射物喷射速度的上限,因此激光热推进能够克服化学推进的飞行器的速度限制。

1972 年,激光推进概念的提出几乎与美国高功率激光器的发展计划同步[20]。随着激光技术的发展,20 世纪 70 年代,各国研究者特别是美国研究者在激光与物质相互作用机理方面开展了大量的研究,也探索了若干种激光推进模式。到了 20 世纪 70 年代末,美国军方对高能激光武器不再感兴趣,激光推进需要的高能激光器进展缓慢;而美国国家航空航天局(National Aeronautics and Space Administration,NASA)热衷于航天飞机,对微小卫星发射系统不感兴趣;激光推进因高能激光器技术限制和小推力发射技术无人问津而进入发展的低潮。到了 20 世纪 80 年代中期,由于两个原因再次掀起了激光推进研究的热潮。一是在美国"星球大战"计划推动下,美国高能激光器和光束定向器等技术的迅速发展,为激光推进研究奠定了技术基础;二是太空武器计划,特别是空基动能武器系统,需要低成本发射技术和能力[21]。

1996 年,美国空军研究实验室的推进部与 NASA 的 Marshall 空间飞行中心合作,联合开展了名为光船技术验证(LTD)的研究项目[22]。该项目的主要目标是设计一种利用激光推进的低成本的空间运输系统。在该项目的资助下,美国 Rensselaer 工学院的 L. N. Myrabo 等人于 1997 年在美国的白沙导弹试验场使用脉冲能量 400J、重复频率 25Hz 的 10kW PLVTSCO₂ 激光器,以空气作为推进剂,首次在用线导引飞行器的情况下成功推进了一个被称作"光船"的飞行器模型[23]。图 7 – 29 为飞行状态下的"光船"照片。1999 年,在不使用线导引的情况下,他们通过给飞行器施加一定的转速,成功地将直径 11cm 的光船发射到 39m 的高度。2000 年,"光船"飞行器的飞行高度达到了 71m,这是目前公开报道的在自由飞行状态下利用激光推进方式达到的最大高度。

日本 Tohoku 大学与韩国首尔大学合作进行了激光推进的管中加速器的研究[24,25]。被推进的物体处于封闭的充有某种气体的管子里。一个 3g 重的飞行器模型在管中依靠 TEA CO_2 激光器产生的脉冲能量 5J、重复频率 5Hz 的激光电离气体产生的冲击波飞行。管中分别充进氩气、氮气、氙气进行实验,气压均为 $1\mathrm{atm}$($1\mathrm{atm} = 101325\mathrm{Pa}$),使用氙气时冲量耦合系数超过 $30\mathrm{dyn/W}$($1\mathrm{dyn} = 10^{-5}\mathrm{N}$)。

图 7 - 29　飞行状态下的"光船"实验照片

　　我国的激光推进研究始于 20 世纪 90 年代,华中科技大学分别采用高功率连续波和脉冲 CO_2 激光器研究了激光烧蚀多种材料的机理[26,27]。1999 年,中国科学院电子等研究所进行了国内首次激光水平推进实验[28],他们采用 0.9kW的重复频率 300Hz 的 TEA CO_2 激光器,将一个直径 22mm、质量 500mg 的圆锥状飞行器模型水平推进了 3m。2000 年,中国工程物理研究院的孙承纬从激光维持的爆轰波理论出发,推导出冲量耦合系数与环境气体密度、激光脉宽及激光强度等参数的关系,详细地分析了大气呼吸模式下的空气等离子体点爆炸驱动原理[29]。2002 年,装备指挥技术学院使用重复频率 2Hz、脉冲能量 30J 的 TEA CO_2 激光器完成了单线导引、双线导引和气垫导轨导引的激光水平推进实验[30],被推进的物体是一个质量为 7g 的旋转抛物面型飞行器模型。同年,中国科学院物理研究所张杰的研究组也开始进行激光推进的研究[31]。2004 年,南开大学朱晓农的研究组使用单脉冲能量毫焦量级的飞秒激光脉冲推动质量毫克量级的不同材质(铁、玻璃、聚苯乙烯)的小球,获得了近 6dyn/W 的冲量耦合系数[32]。从 2004 年,我国正式立项(国家 973 项目和国家自然科学基金项目)支持激光推进的研究,使我国的激光推进研究进入了新阶段。2005 年,中国科学院电子等研究所通过给飞行器施加一定转速的方法,解决了自由飞行状态下激光推进飞行器飞行的稳定性问题[33],并且成功地将一个质量 4.2g、焦距 10mm 的抛物面型飞行器用单脉冲能量 13J、重复频率 50Hz 的 TEA CO_2 激光器在大气呼吸模式下推进到 2.6m 的高度,飞行时间为 1.75s。他们还研究了脉冲重复频率

(10～200Hz)对冲量耦合系数的影响,结果表明较低的脉冲重复频率(10～40Hz)可以获得较大的冲量耦合系数[34]。2005年,中国科学院物理研究所张杰的研究组利用飞秒激光成丝进行激光推进的实验[35],在飞行器模型不携带聚焦镜的情况下,推动纸飞机在气垫导轨上完成了长距离的水平运动(当聚焦透镜焦距为8m时,有效推进距离达到3.05m),冲量耦合系数超过8.5dyn/W。

随着火箭发射技术的不断改进提高,化学推进与激光推进技术相结合,可实现混合推进完成空间飞行器的地面发射和空间变轨等问题。以激光途径空间太阳能电站为能量源,在地面以化学推进为基础,完成对运载火箭的发射工作。当火箭进入地球近轨道,即可由激光推进技术来完成运载火箭向目标轨道的变轨。空间飞行器在运行轨道完成展开,进入工作状态后也可以继续使用空间太阳能电站提供的能量完成其正常工作,从而摆脱空间飞行器对地面能源的依赖,且减少了为使用太阳能而携带的大重量太阳能电池板。

激光推进作为一种具有独特优势和重大应用前景的新型推进技术,其概念一经提出,就得到了世界范围内相关研究人员的高度重视。从20世纪60年代开始,美国、俄罗斯、德国、中国、日本以及韩国等国家都相继开展了激光推进的研究工作并取得了一些阶段性的成果。目前,从准连续的长脉冲激光到飞秒激光脉冲都已经被用来进行激光推进的实验,激光推进实验中使用的平均功率最高的激光器已达万瓦水平;同时,从普通的气体、液体、固体到化学高能推进剂都被用于激光推进的实验研究。因此,激光推进已经逐渐进入系统研究阶段。随着高功率太阳光泵浦激光器的发展,使用激光推进技术将纳米卫星发射到近地轨道的目标以及利用激光推进完成太空垃圾的清理都具有了一定的现实可能性。

7.2.4 激光清除空间碎片

自从人类发射第一颗人造地球卫星,至今已有50余年的时间,空间技术在此期间取得了飞速的发展和巨大的成就。但是与此同时,人类的空间活动也制造了数以亿计的空间碎片(也称为太空垃圾)。随着航天活动的日益频繁,每年发射到外层空间的人造天体数以百计,这些人造天体到一定时间以后就变成了空间垃圾,即空间碎片,如图7-30所示。

国际上一般按空间碎片尺寸的大小,将其分成三类:尺寸大于或等于10cm的为大碎片;尺寸1～10cm的为小碎片;尺寸小于1cm为微小碎片。在地面上无法观察到的10cm以下的碎片估计有数百万个,特别是微小碎片数量最大[36]。人类目前只能对直径10cm以上的碎片进行跟踪监测,这类碎片目前共有9600多个,世界上只有美国和俄罗斯有能力对其进行全部监测,美

图 7 - 30　近地球轨道的空间碎片示意图

国国家航空航天局为每个碎片都进行了编号。小于1cm的碎片据估计有数千万乃至数亿,航天器已经根本无法避免与其相撞,只能通过加强自身的防护能力来应对。

　　大量空间飞行实验和地面模拟试验的数据表明,1cm左右的微小碎片可能造成航天器表面穿孔,造成结构性损伤。毫米级与微米级的微小碎片一般不会对航天器造成灾难性损害。但是微小碎片数量很大,与航天器碰撞概率高,对航天器长期碰撞的累积效应非常严重,尤其是对温控涂层、多层绝热毯、光学仪器、太阳电池阵、空间功能性防护膜的性能退化影响更突出[37]。空间碎片的存在,严重地威胁在轨运行航天器的安全,在地球静止轨道(GEO)的极有限的空间内卫星密集,空间碎片的危害日益突出。在近地轨道(LEO)上,由于即将建立的大型、长期载人空间站、大型空间平台以及其他大型空间基础设施,其面积大、运行寿命长,受空间碎片撞击而导致破坏的概率也大大增加。随着LEO卫星群的出现,对防护空间碎片的问题也提出了新的挑战。因为每一个LEO卫星群少则十几颗,多则数百颗。这些卫星群不仅卫星数目多,而且卫星大多运行在700～1000km的轨道上,这个高度范围是碎片比较集中的区域。此外,这些小卫星一旦工作寿命终止,就成了新的碎片[38]。

　　研究表明,高能激光是一种清除空间碎片的有效方法,这一点已经得到了国际上认同,也引起了国内外学者们的浓厚兴趣。近年来,利用高能激光清理空间碎片的研究逐渐兴起,由于具有清洁性和安全性,被广泛认为是一种未来具备应用潜力的主动清理空间碎片的方法。在NASA和美国空军联合资助下,科学家们较为详细地研究了地基空间碎片激光清除的概念、系统组成和工作原理。

NASA 从 20 世纪 90 年代开始对利用激光辅助进行空间推进开展了系统研究[39]。1996 年,C. R. Phipps 提出了利用 30kW 的地基脉冲激光器清除近地空间垃圾的"ORION"计划[40],这是烧蚀激光推进的一种特殊形式,它利用激光烧蚀空间垃圾产生的推力改变空间垃圾的运行轨道,使空间垃圾坠入大气层燃烧掉。

2002 年,Schall[41]研究了在国际空间站利用天基高能激光规避空间碎片撞击和予以清理的可行性,分析了相互的几何关系,计算了碎片的速度变化,提出了利用天基激光清除空间碎片的概念。2010 年[42],Vasile 提出了机动的天基平台与空间碎片形成构型,将太阳光直接聚能或者泵浦激光沿着碎片速度的反方向持续清理 LEO 和地球静止轨道(Geostationary Earth Orbit,GEO)空间碎片,估算了清理碎片需要的速度增量和时间。2013 年,Smith[43]提出了天基平台持续机动,以提供高能脉冲激光持续作用空间碎片形成一种"拖曳"力,清理空间200kg 碎片的方案,估算了清理需要的速度增量和时间。2014 年,ORION 计划的首席科学家 Phipps[44]指出,连续激光的功率密度低,要达到烧蚀阈值,出光口径难以接受,因此高能脉冲激光是天基激光清理碎片的首选,并指出天基激光清理空间碎片的作用角度是决定清理效率的主要因素。

国内相关领域的学者们在激光驱动微小碎片系统、激光测速系统的研制、将激光阴影照相用于超高速空间碎片碰撞等方面开展了研究,并初步讨论了激光作用下空间碎片的力学行为[45-49]。

激光清除空间碎片的模式主要有两种:直接烧蚀模式和烧蚀反喷模式。前一种主要针对微小空间碎片,利用强大的连续波激光照射碎片,使其温度升高至碎片的熔点甚至沸点,使碎片熔化或汽化,实现清理,空间碎片的汽化蒸发阈值一般在 $0.1 \sim 1\text{MW/cm}^2$ 的强度范围内。这样清除的缺点是需要消耗大量的能量;后一种主要针对较大的空间碎片,利用高能脉冲激光束照射碎片表面,当光斑区的温度达到材料的汽化温度时,在材料表面将产生等离子体向靶外膨胀飞散,造成靶面烧蚀,烧蚀出来的物质以远高于声速的速度向外飞散;同时在烧蚀面对冷介质产生一个流体力学反作用力,使空间碎片产生类似于火箭推进的"热物质射流",为碎片提供一定的速度增量,使其近地点高度降低,进入大气层烧毁,从而达到空间碎片清除的目的[50]。

利用高能激光清除空间碎片主要有两种途径,一种是利用地基激光清除空间碎片,另一种是利用天基激光清除空间碎片。相关研究从技术难度、清除效率和费用三个方面对天基和地基空间碎片清除系统进行了对比[51],见表 7-3。

表7-3　天基清除方案与地基清除方案对比

清除方式	技术难度						清除效率					费用
	发射	空间装配	能量来源	能量储存	散热难度	维护难度	作用时间	大气传输影响	跟踪、捕获视场	清除单位质量能耗	重复使用	
天基激光碎片清除系统	重量大难度高	需要	地面输送或太阳能	难度大	高	高	相对较长	基本不受影响	比较大	相对较小	可以	高
地基激光碎片清除系统	中继反射镜	不需要	核能	不需要	低	低	短	主要影响	小	大	可以	低

1. 地基激光清除空间碎片

地基激光清除空间碎片方法很早就得到国际上航天大国的重视。1993年，美国Sandia国家实验室的Monroe提出利用核能泵浦地基激光清除近地轨道空间碎片。系统使用连续氩氖激光器FALCON，输出波长是1730nm，功率为5MW，采用自适应光学，发射口径为10m，激光能量能到达平均轨道高度为450km的目标，碎片的拦截距离为900km[52]。1996年，NASA和美国空军资助的ORION计划中，Phipps等提出采用地基高能激光清除近地轨道空间碎片的方案。ORION方案使用钕玻璃激光器，输出波长为1060nm，输出功率为30kW，采用自适应光学，发射口径为6m，重复频率为2Hz。为减少大气传播衰减，系统建在高山上，能清除1500km轨道高度上的碎片[53]（图7-31）。

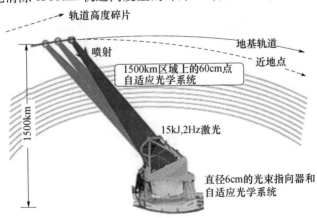

图7-31　ORION地基激光清除空间碎片工作原理意图[54]

1999年，德国DLR物理研究所的Bohn提出一种基于高能脉冲化学氧碘激光器的空间碎片清除方法。化学氧碘激光是电子跃迁激光,输出波长为1315nm。系统可以清除450~1000km轨道高度上的碎片。由于电子跃迁对Zeeman分裂比较敏感,因此可以使用增益开关控制化学氧碘激光器,使连续波激光器脉冲化工作[55]。以上所述的研究工作大都停留在方案设计阶段,主要因为当时的高功率激光器技术不能满足方案设计要求指标。2009年底,美国国防高级研究计划局的Barty等人在报告中指出,美国国家点火装置和劳伦斯–利弗莫尔实验室等单位已经具备建造高平均功率固体激光器的能力。美国国防高级研究计划局正以此为基础,发展地基激光空间碎片清除技术(图7-32)。

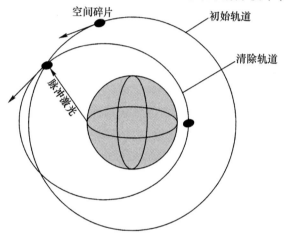

图7-32　脉冲激光作用降轨示意图[56]

为了能够达到比较理想的清除效果,地基激光清除空间碎片还需要综合考虑以下两方面因素。

(1)合理选择激光站站址。地基激光站选址要考虑的最重要的因素是,如何最大限度减小大气传输影响。从地理因素方面考虑,应选在星下点轨迹经过地区,这样可有效缩短激光束传播距离;从提高自适应光学校正能力方面考虑,应选在大气稀薄、湍流较弱、横向风速较低的高山寒冷地区,这样可大幅度减小水汽、尘埃等因素影响。

(2)明确空间碎片清除时机。地基激光空间碎片清除有2种模式[57]:一是不使用中继反射镜;二是使用中继反射镜。本书根据碎片清除时效性要求的不同,将不使用中继反射镜模式的清除方式称为常规清除,将综合使用2种模式的清除方式称为紧急清除。

常规清除是指在激光站辐照距离范围内,对飞临激光站上空的碎片进行辐照,使其近地点轨道高度降低,从而进入大气层与大气摩擦燃烧掉。对于质量比较小的碎片,会在半个轨道周期内摩擦燃烧掉;对于质量比较大的碎片,经过几个轨道周期也可以摩擦燃烧掉。通过全球布站的方式,能够实现对碎片连续接力式辐照,从而在较短的时间内降低危险空间碎片数量。紧急清除是指当航天器与碎片发生碰撞的概率大于警戒值后,为避免发生碰撞,采取及时清除的方式。在全球布站的情况下,如果碎片在激光站的作用范围内,可以使用多个满足辐照角度要求的激光站同时辐照,从而尽可能快地使空间碎片脱轨。对于空间碎片处于激光站作用间隙的情况,就需要有中继反射镜的配合,首先激光发射到中继反射镜上,然后经其反射对空间碎片进行辐照,从而改变空间碎片飞行轨迹,避免相撞。

地基激光空间碎片清除系统一般由5大分系统组成[58],如图7-33所示。

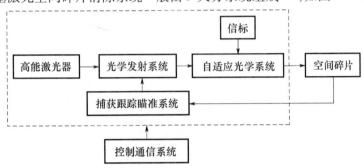

图7-33　地基激光空间碎片清除系统组成

（1）控制通信系统负责收集和处理其他系统所提供的信息,协调各系统的运行,有计划地组织清除工作。

（2）高能激光器是系统的核心,其主要部件是激光发生器,负责产生高能激光束。

（3）捕获系统负责把空间碎片从太空背景中区分出来,并探测碎片的大致方向、动力学参数等;跟踪系统负责使仪器视轴跟随碎片的运动;瞄准系统负责使发射装置的光轴对准目标,使激光打到目标瞄准点上。为使激光束稳定照射到碎片上,要求激光束打到碎片上,且光斑抖动要小。

（4）光学发射系统负责把激光束发射到远场,汇聚到空间碎片上,形成功率密度足够高的光斑。捕获跟踪瞄准技术使发射望远镜始终跟踪瞄准目标,使激光束锁定在碎片上。

（5）自适应光学系统负责校正从发射望远镜到空间碎片这一传输通道中大气对激光束产生的畸变,使激光能量集中到空间碎片上。包括波前误差传感器和波前校正器。信标负责测量从发射系统到空间碎片之间的大气引起的激光波前畸变,必须有来自碎片方向的光作为波前畸变的信息载体,在非合作情况下,需借助人造信标光。地基激光空间碎片清除系统的一般工作流程是,首先由雷达或光学探测设备发现碎片目标,并将碎片信息数据传送给控制通信系统,控制通信系统经过目标确认,引导精密跟踪瞄准系统捕获并锁定目标,精密跟踪瞄准系统再引导光学发射系统对准碎片。当碎片处于适当位置时,控制通信系统发出清除指令,启动激光器,激光器发出光束,对碎片目标进行清除[59],如图 7 – 34 所示。

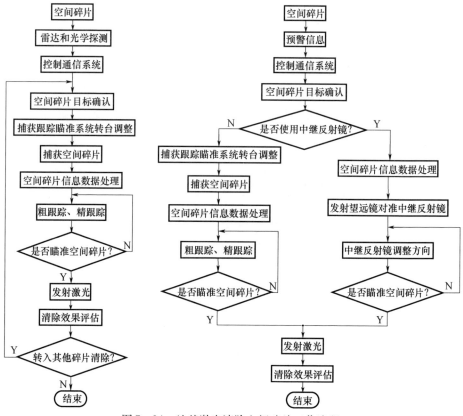

图 7 – 34　地基激光清除空间碎片工作流程

地基激光空间碎片清除关键技术从地基激光空间碎片清除的发展来看,为了真正达到实际使用,则必须克服以下几个关键技术难题:

（1）设计性能优良的激光器。作为空间碎片清除系统的核心部件,高能激光必须满足高光束质量、高功率、高重频的特性。在美国发展的各种高能激光器中,化学激光器是最成熟的激光器。目前,化学激光器已经达到了最高的整体功率水平,虽然它们具有高功率,但其发展已近晚期,将逐渐被固态激光器所取代。推动固态激光器发展的一个重要的因素就是其具有更高的转换效率。高效率最重要的作用是对光机系统本身的影响,更小的热流进出激光器系统将更加坚固耐用。

（2）提高捕获跟踪瞄准系统精度。空间碎片具有目标直径小、探测距离远、运行速度快的特点,因此要求雷达或光电探测器有较大的捕获视场,较强的搜索能力,同时需要改进跟踪算法,减小跟踪误差,优化提前量设置,从而使激光能准确聚焦到碎片上。

（3）提高自适应光学补偿精度。大气湍流和热晕效应会引起高能激光束的漂移、展宽以及光束强度的变化。因此,要把激光能量有效地聚焦在目标上,就必须采用自适性光学对发射的激光束预先进行大气畸变效应的补偿[60]。

2. 天基激光清除空间碎片

地基与空基激光可提供较大的能量,技术成熟,但由于大气层的吸收作用导致其能量损耗较大,且受到地理位置和距离影响,使其可工作空间范围有限。天基激光在真空中传播,能忽略损耗,且没有折射、散射等传播误差影响,随着平台部署的变化,可扩展其控制的空间范围。尤其是天基激光不受大气散射影响,能清理空间任意位置的碎片,清理时间可以覆盖碎片的整个飞行弧段,作用角度可以优化设计等特点,被认为具有很大的研究价值。因此,天基激光清除空间碎片能够克服地基清除方法的局限性,并且效率相对更高。随着激光器技术的发展,未来天基激光清除空间碎片将成为一种高效的方案[61]。

天基高能脉冲激光对碎片的作用与地基激光清除空间碎片的方式类似,一般会产生两种力的形式:一种是光压强力,类似于太阳光压,量级非常小,可以忽略;另一种是激光作用在碎片上,烧蚀碎片的一部分形成气态烧蚀物,形成高速射流离开碎片,使碎片获得瞬时冲量,从而改变运行的轨道。

天基高能脉冲激光清理 LEO 碎片过程场景如图 7-35 所示,在天基激光平台的机动下,激光对碎片作用,使碎片获得速度增量,降低近地点高度直到一定轨道高度(寿命<25年)时,达到清理目标。

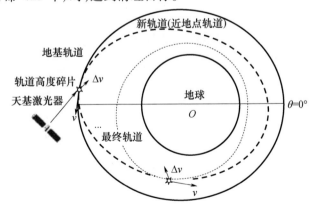

图 7-35　天基高能脉冲激光清理 LEO 碎片过程[62]

在清理过程中,有必要优化设计天基激光作用空间碎片的角度与时机,以减少平台的飞行时间和激光器出光作用时间,节省平台燃料和激光能量的消耗。

天基激光空间碎片清除系统一般由六大分系统组成,如图 7-36 所示。

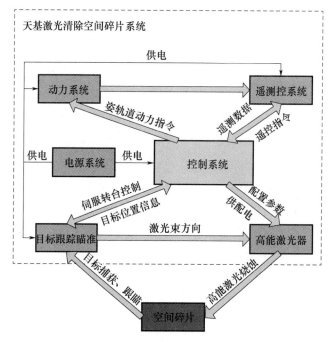

图 7-36　天基激光清除碎片方案

（1）动力系统。

该分系统的主要功能是提供天基激光平台在空间飞行中轨道控制、姿态控制及轴向加速和制动所需要的控制力,实现对不同轨道上的空间碎片清除。

（2）控制系统。

该分系统在对全系统进行供配电的基础上,经过控制算法输出控制指令给动力系统和高能激光器,协调各系统运行,有计划地控制空间碎片清除任务。

（3）电源系统。

该分系统是给全系统供电的能量来源,保障全系统正常工作,并提供清除空间碎片所需的能源。

（4）遥测控系统。

该分系统用于实现天基系统与地面的双向信息传输,将天基系统的状态信息下传到地面,同时也可以接收地面发送的遥控指令。

（5）跟踪瞄准系统。

该分系统实现对空间碎片的捕获、识别、跟踪和瞄准,并保证将高能激光束汇聚到空间碎片上,实现对空间碎片的持续照射。

（6）高能激光器。

该分系统是整个系统的核心,产生清除空间碎片所需的高能激光束。

与地基方式相比较,天基激光清除空间碎片系统能够部署在不同的轨道,并且通过机动变轨和姿态调整,可清除同一轨道上的多个空间碎片,也可清除不同轨道上空间碎片,而且不受大气衰减影响,可清除的范围更大。天基激光清除空间碎片的具体流程设想包括:①首先利用天基平台自身的探测设备发现清除范围内空间碎片目标;②将碎片信息传送给控制系统,引导跟踪瞄准系统对空间碎片进行跟踪瞄准;③同时将探测到的空间碎片图像信息以及其他信息通过遥测控系统传送到地面;④当系统实现对空间碎片精确瞄准后,可以通过自主方式或者接收地面遥控指令方式启动高能激光器,对空间碎片进行照射,改变空间碎片的原始轨道,使其近地点高度降低;⑤如空间碎片比较大,可对空间碎片进行多圈照射,直至进入大气层烧毁;⑥随后通过调整姿态或轨道继续对其他空间碎片进行捕获跟踪,采取相同的方式清除。

为了使该方案真正达到实际效用,必须克服以下几项关键技术。

（1）高功率激光器技术。

作为空间碎片清除系统的核心部件,在某种程度上,激光光源的选择就成为决定该方案成败的关键。高能激光必须满足高光束质量、高功率、高重频的特性。在美国发展的各种高能激光器中,化学激光器是最成熟的激光器。但其发展已近晚期,将逐渐被固态激光器所取代。而推动固态激光器发展的一个重要因素是其具有更高的转换效率。高效率最重要的作用是对激光系统本身的影响,使更小的热流进出激光器,从而达到系统更加坚固耐用的目的。

（2）跟踪瞄准系统精度。

高精度的跟踪瞄准系统是天基激光清除空间碎片系统的重要组成部分之一,其性能决定了碎片清除的效能。跟踪瞄准系统主要完成对空间目标实施捕获、跟踪和监视,通过目标识别,确定目标的类型和最佳攻击部位,并引导激光指向目标最佳照射部位,实施碎片清除。由于空间碎片具有目标直径小、探测距离远、运行速度快的特点,因此应保证在清除过程中使激光束准确聚焦在空间碎片上,产生足够的激光脉冲能量,从而改变空间碎片的轨道。

（3）激光与物质作用的效能。

激光与物质作用的效能决定了激光清除空间碎片的效果,效能越高,清除碎片所需的能量和时间就会相应减少。而激光与物质作用效能的高低取决于激光与碎片作用的冲量耦合系数。物质接受入射激光,在不同条件下通过不同的吸收机制吸收激光能量,温度升高,同时发生复杂的相变。这一过程的时间很短,且在高速运动的流场中进行,所以激光能量的吸收伴随着相当复杂的动态过程;同时还受到波长、脉宽、能量及光束聚焦尺寸等参数的影响,因此需要如何选取最优的参数配置,获得最佳的效能在清除碎片过程中是一项非常复杂且重要的工作。

7.3 基于镁的能量循环系统

7.3.1 碳的循环与环境污染

碳循环是指碳素在地球的各个圈层之间迁移转化和循环周转的过程。地球系统的碳循环主要是在岩石圈、土壤圈、水圈、大气圈以及生物圈之间,以 CO_3^{2-}(以 $CaCO_3$、$MgCO_3$ 为主)、HCO_3^-、CO_2、CH_4、$(CH_2O)n$(有机碳)等形式相互转换和运移的过程[63],碳循环是一个"二氧化碳—有机碳—碳酸盐"相互循环的体系。大气中的 CO_2 被陆地和海洋中的植物吸收,然后通过生物或地质过程以及人类活动干预,又以二氧化碳的形式返回到大气中。就流量来说,全球碳循环中最重要的是 CO_2 的循环,与 CO_2 相关的碳循环示意图如图 7 - 37 所示。因此,碳循环对于人类生存发展和环境具有最基本的意义。例如,大气室温气体浓度上升,固然有温室效应和全球变暖问题。

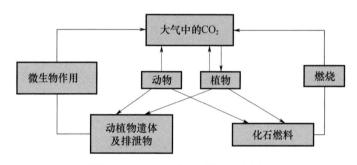

图 7 - 37　CO_2 参与的碳循环示意图

碳是生物体的基本构成元素,也是生物体得以生存发展的根本。尽管碳在自然界中的蕴藏含量相对较为丰富,但能够用以生态系统持续循环的部分是很有限的,生态圈对碳元素的需求主要来自于大气中的 CO_2,且仅限于绿色植物通过光合作用等的碳固化过程。同时,受到地球系统碳循环调节的大气中的 CO_2 等气体,可以吸收由地球表面反射回来的红外光等长波阳光,以提高地球表面的温度。因此,碳循环通过调节大气温室气体浓度而调节地球表面温度,使其适合生命发展。

地球系统的碳循环对地壳元素的迁移,储存也有重要影响。因为元素的迁移不但与地球流体循环有关,而且还取决于环境的酸碱度,氧化还原电位。光合作用驱动的碳循环产生有机质和各种有机酸可制约环境的 pH 和驱动元素迁移[64]。另一方面,CO_2 在天然水中的溶解或逸出,将直接导致水中碳酸的增减表现为天然水的 pH 值的降低或上升,从而因天然水酸碱度的变化引起地壳元素的溶解、迁移、存储等,最终形成有用矿产或影响生态系统及人体健康。CO_2 作为各地球圈层的传输媒介,成为了调节地球生态、地质、气候平衡稳定的关键因素。

根据 2006 年国际能源署的统计,世界上 80% 的初级能源都是来自化石燃料,其中煤炭、石油、天然气分别占据 26%、30.4% 和 20.5%[65]。大量化石燃料的燃烧使用,大气中 CO_2 浓度增加,地球温室效应逐年加重。

全球气候变暖对地球自然生态系统产生了巨大的影响,如海平面上升,极地冰川、冻土融化,江河流域冰冻与早融,中高纬度生长季节改变,某些动植物生活习性改变等。受工业化革命的影响,地球自然生态系统的自我适应调整能力正在逐年衰退,现在工业化造成的很多伤害都是不可恢复的破坏。例如极地冰川的融化、热带雨林生态系统遭受的酸雨腐蚀、草原湿地生态系统受到的破坏等都是与大气 CO_2 浓度的增加息息相关的。气候的变化将改变植被的组成、结构以及生物量,减少生物多样性,改变生态格局[66]。

随着近年来地球温室效应的逐年增加,地球气候的变暖导致海平面的上升。海平面的上升最直接的影响是将使更多的海岸区遭受海水侵袭,甚至城市有被海水吞没的危险。与此同时,与全球变暖关系密切的一些极端天气变化发生的频率也将迅速增加。

7.3.2 镁的能量循环

镁(Mg)是室温下呈银白色块状碱土金属。镁的资源丰富,约占地壳质量的 2%,海水质量的 0.14%。每立方米海水中可提取 1kg 以上的 Mg,盐湖中的 Mg 含量也非常高。Mg 是一种可以循环回收利用的金属材料,因此 Mg 也是属于"绿色环保"金属。同时 Mg 也是一种高能量密度的轻金属,其能量密度高达 $43GJ/m^3$,十倍于 70MPa 压强下的氢气能量密度 $4.3GJ/m^3$。

Mg 与 H_2O 发生电化学反应:

$$Mg \rightarrow Mg^{2+} + 2e$$
$$2H_2O + 2e \rightarrow H_2 + 2OH^- + H_2\uparrow$$
$$Mg^{2+} + 2OH^- \rightarrow Mg(OH)_2$$
$$Mg(OH)_2 \rightarrow MgO + H_2O$$

总反应:$Mg_{(s)} + H_2O_{(v)} \rightarrow MgO_{(s)} + H_{2(g)}$　　$\Delta H = -359kJ/mol$

上述化学反应的副产品氢气(H_2)也是一种清洁能源,与氧气(O_2)燃烧可释放出大量热,

$$H_{2(g)} + 0.5O_{2(g)} \rightarrow H_2O_{(g)}　　\Delta H = -241kJ/mol$$

尽管地壳中蕴藏着大量的 Mg 矿石,但它们都不是以单质的形式存在的,多

以镁的氧化物形式存在。传统的制作 Mg 单质的方法是由硅(Si)参与反应的皮氏锻造法,用一个总的化学式可表示为

$$2MgO_{(s)} + 2CaO_{(s)} + Si_{(s)} \rightarrow 2Mg_{(s)} + 2CaSiO_{4(s)}$$

现在为实现对激光能源的存储以及减少皮氏锻造过程中大量释放的 CO_2 气体,设计了不以 Si 为媒介的激光辐照 MgO 的脱氧反应:

$$MgO + Laser \rightarrow Mg + 0.5O_2$$

如图 7-38 所示:①Mg 与 H_2O 反应产生 MgO 和 H_2,并产生大量热;②MgO 在特定的反应条件(高能激光辐照)下,发生分解,生成 Mg 和 O_2;③反应①中产生的 H_2 与 O_2 反应可生成 H_2O 和大量热;在反应③中生成的 H_2O 与反应②中生成的 Mg 再次反应,最终实现了 Mg 和 MgO 的循环反应。经过一系列的氧化还原反应,MgO 分解作为能量循环的中心环节实现了对激光能量存储的功能。在整个化学反应过程中,只存在能量的循环传递,无其他污染物生成,属于新能源范畴的能量循环。

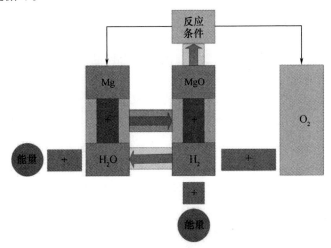

图 7-38　镁能量循环示意图

2006 年,日本东京激光技术研究所 T. Yabe 等人提出运用激光完成镁的能量循环[67]。他们首先将一块尺寸为 20mm×40mm×0.3mm 的 Mg 片置于密闭腔室内,Mg 片最初由外部控制的欧姆加热装置进行点燃。通过调控参与反应的水,获得对整个氧化还原反应的控制。随着反应的进行,收集密闭腔室内生成的 H_2。图 7-39 示出了实验装置简图以及通过调控入水口的滴水速率来控制反应进程的实验记录图。调控滴水速率分别在 10mL/min、16mL/min、20mL/min 时进行实验,发现提升滴水速率可以加快氧化还原反应的反应速率。通过对比实验获得,当采用更小体积的 Mg 时,反应速率获得提升。

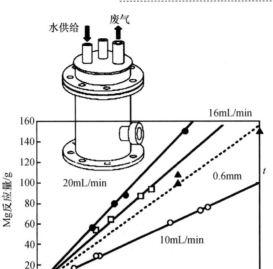

图 7 – 39　Mg 与 H_2O 发生氧化还原反应实验装置简图与
不同滴水速率下对应的反应速率

在上述实验中,获得清洁能源 H_2 的同时也生成了 MgO 粉末。为完成 Mg 的能量循环,采用激光作为分解 MgO 的能源,高能聚焦激光束在焦点温度可以高于完全分离 Mg 和 O 所需的 4000K 高温。在高温下通过蒸发工艺获得镁蒸气的向上移动,最终在空气中凝结形成镁金属。图 7 – 40 示出了高能激光束聚焦辐照 MgO 目标,通过氩气(Ar)将 Mg 蒸气吹向冷却铜板,防止 Mg 的再次氧化。

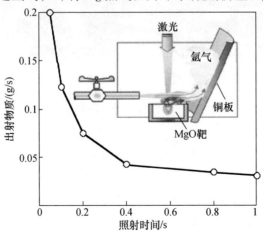

图 7 – 40　激光分解氧化镁实验简图与实验记录

T. Yabe 等人将镁和水在于密闭容器内,处于 500℃。镁和水反应产生氢气。逸出的氢气和氧气发生燃烧氧化反应,可释放能量而产生水。第一步反应产生的氧化镁粉末在压强 500Pa 的密室内,在高能 1.4J/10ns 的脉冲激光聚焦辐射,在高温的情况下,氧化镁粉末发生分解反应,从而产生镁单质,最终获得了高达 43.4% 的分解率。

2008 年该项目组在压强 20Pa 的密室内,用连续激光(1000W)的聚焦辐射,在高温(4000℃)的情况下,氧化镁粉末发生分解反应,从而产生镁单质,获得了42.5% 的从激光能量到金属 Mg 能量的传递。图 7 – 41 为用高速照相机拍摄的 CO_2 激光器辐照 MgO 实验装置图。

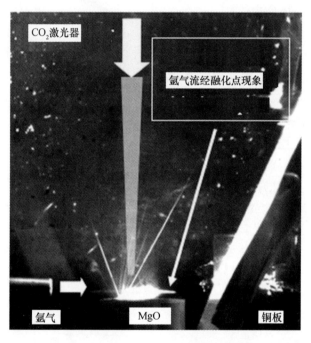

图 7 – 41　连续 CO_2 激光器分解 MgO 实验装置图(摄于高速相机)[68]

2014 年,该项目组设计出新型金属镁燃料电池取代传统结构的镁电池,提出新的基于金属镁的能量循环设想(图 7 – 42)[69]。

如图 7 – 43 所示,这种新型电池是由反应室和薄膜状的金属镁组成的。电池中的金属镁被制成薄膜存储在暗盒内。当反应装置内的金属镁薄膜被消耗后,利用弹簧或小型电机等装置将金属镁的反应产物 Mg(OH)$_2$ 或 MgO 从反应装置内移出,而未反应的金属镁薄膜自动进入反应装置继续反应。通过使用这种薄膜结构的金属镁,该项目组设计了电量为 1300Ah/kg 的新型电池,其电量是传统的锂电池容量(150Ah/kg)的 9 倍多。

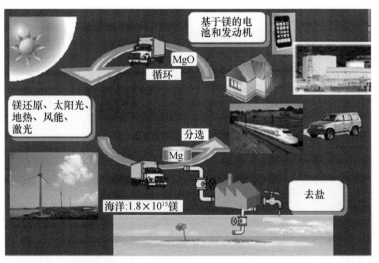

图 7 - 42　基于金属镁的能量循环方案

传统的镁电池采用较厚的板状结构(图 7 - 44),这种较厚的板状结构的缺点是,当镁板表面被氧化时,镁板余下部分尚未参与反应,这种结构降低了传统镁电池的效率。采用薄膜结构的镁电池,能保证金属镁充分、快速反应,进而大大提高电池效率。通常采用化学方法,通过清除镁板表面氧化层来提高传统结构镁电池的效率。但即使采用这些方法,传统结构的镁电池的反应速率仍低于新型薄膜结构的镁电池。反应速率过慢会导致输出电流很小。例如,尺寸为 5cm×5cm、采用传统板状结构的镁电池仅能够得到 0.5A 的输出电流,而采用相同尺寸薄膜结构的镁电池却能够获得 10A 的输出电流。

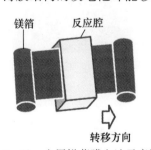

图 7 - 43　金属镁薄膜电池示意图

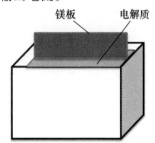

图 7 - 44　传统结构的镁电池

此外,采用化学方法清除金属镁氧化层,会使氧化镁溶解在电解液中,引起电解液导电率下降,因此需要频繁更换电解液。

新型金属镁薄膜电池的典型应用:

(1) 手机电池。

在该小组提出的镁电池方案中,镁燃料电池置于反应装置外部,整个电池的尺寸和电池的电容量无关,因此可以通过增大镁的容量来提高电池的电量,这也是未来镁电池的特性。因此,这种新型镁电池外观十分小巧紧凑。以手机电池为例,一般手机电池的电容量为 1500 ~ 2000mAh。该小组已经实现了重量为30g、电量为 1300mAh/g 的新型金属镁电池,这种电池能够在不需要任何外置电源充电的情况下,满足手机一个月的电量需求。这种新型镁电池重量仅为 30g,呈圆柱状,高 5mm,底面直径 6.6cm,可以安装在手机内部(图 7 – 45)。

图 7 – 45　新型金属镁薄膜手机电池

(2) 汽车电池。

该项目组先后研制了输出电流 20A、功率 10W、尺寸为 170mm × 340mm 和输出电流60A、功率 30W、尺寸 300mm × 600mm 的新型镁汽车电池。通过将 100 块这种电池级联,实现了峰值输出功率 3kW 的电池组,电池组的尺寸为 300mm × 600mm × 600mm,并可以通过一定的方法进一步缩小电池组的尺寸。该项目组实验验证了这种电池组驱动电动车的能力,并成功利用 3 块电池组驱动承载一人的电动车(图 7 – 46)[70]。

图 7 – 46　整车重量仅为 200kg 镁燃料电池电动车

7.3.3　太阳光泵浦固体激光器在镁能量循环中的作用

太阳能是取之不尽、用之不竭的最清洁的可再生能源。利用太阳能代替化石燃料等不可再生的常规能源是大势所趋。然而由于受地球自转的影响,地表太阳能供能系统的主要弊端在于能量的不连续性。镁电池的反应产物可通过激光处理,最后还原为金属镁。实验证明,采用 1kW 的 CO_2 激光器能够实现15mg/kJ 的金属镁的还原,采用 4kW 的半导体激光器能够实现 20mg/kJ 的金属镁的还原。事实上还原 1g 金属镁需要激光输出 50kJ 的能量。1g 金属镁的热值为 25.2kJ,能量产出量为消耗量的 50%。理论上采用 8kW 的半导体激光每年能生产 5t 金属镁。目前的实验表明,金属镁电池能够达到镁理论热值效率(7kWh/kg)的 60%,24kg 的金属镁能够产生 100kWh 的能量,这些能量能为中型汽车提供行驶 500km 的能源。因此,理论上 8kW 的激光一年还原的金属能够满足 208 量中型汽车行驶 500km 所需的能量。8kW 的激光能够每年还原 5t 金属镁,能满足 1300 部手机一年的电量需求。如果 30 亿人使用金属镁手机电池,需要每年生产 100 万 t 的金属镁,当前金属镁的产量是每年 60 万 t,在使用金属镁电池前需要保证金属镁的产量。

因此,根据前面所述的 Mg 能量循环,最初由日本东京理工大学的研究人员提出了太阳光泵浦固体激光器分解 MgO,从而达到存储太阳能的效果[67]。实现这一能量转换、存储、循环需要三个关键的技术:太阳光泵浦固体激光器实现对太阳光能量的转化,利用高能连续激光分解 MgO 实现能量存储,Mg 能源的点燃利用。图 7-47 为太阳光泵浦激光器参与 Mg 的能量循环示意图,其中主要包括太阳能的转换、激光能量的存储、Mg 能源的实用等,关键技术在于太阳光泵浦激光器分解 MgO 粉末生成 Mg 单质。

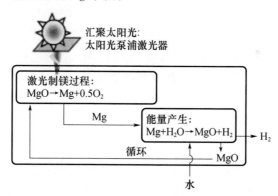

图 7-47　太阳光泵浦固体激光器参与的 Mg 能量循环示意图[70]

S. H. Liao 等人在 2011 年提出了利用 Si 作为还原剂的 Mg 能量循环方案[71]。其中,依然采用太阳能泵浦固体激光器将太阳光转化为激光,实现太阳能到激光能的转换。能量循环化学表达式为

$$Mg + H_2O \rightarrow MgO + H_2$$
$$2SiO_2 \rightarrow 2SiO + O_2 \rightarrow Si + O_2$$
$$2MgO + Si \rightarrow 2Mg + SiO_2$$

激光经分光镜分为两束,其中一束为 MgO 和 Si 的氧化还原反应功能,另一束用于 SiO_2 的还原反应。图 7-48 为 Si(或 SiO)作为还原剂的 Mg 能量循环示意图。

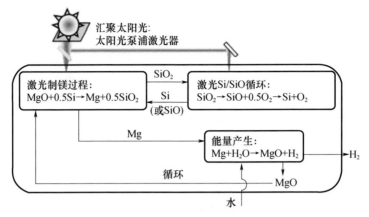

图 7 – 48　Mg 的能量循环示意图,将太阳能转换为激光能,再利用激光能生产 Mg 以及还原剂 Si(或 SiO)的循环转化,最终实现能源的生产[72]

在新能源的使用中,其能量的利用都是通过材料的使用才得以传递,在能量的传递过程中,能量的转化和存储都面临着巨大的挑战。现阶段尚未有直接使用太阳光泵浦激光器进行 MgO 分解实验的报道,其主要原因在于目前的太阳光直接泵浦激光器先仍处于研究阶段,在输出功率的调控上和光束质量(能量密度)上都不能满足 MgO 分解所需的条件。随着材料科学等学科技术的不断发展,太阳光泵浦激光器也定能用于分解 MgO 的 Mg 能量的循环。成功实现 Mg 对太阳能量的存储,为人类发展提供新的能源途径。

7.4　激光制氢

氢(H_2)是未来最理想的二次能源。H 位于元素周期表第一位,其原子序数为 1,常温下 H_2 是气态的,在超低温或者超高压的条件下会以液态的形式存在。氢是自然界中存在的最普遍的元素。尽管多数氢存在于化合物 H_2O,但其巨大的发热值正不断吸引着人们去从水中提取 H_2。氢的发热值比所有化石燃料都要高,约为 $1.4 \times 10^5 kJ/kg$,是汽油发热值的 3 倍。且 H_2 燃烧后生成物为 H_2O,氢气是绝对的绿色、可持续、高效能源。

氢还可以通过燃料电池与氧发生电化学反应,以直接获取电能和热能。氢气的制取、储存、应用构成了氢能开发的 3 个主要因素。当今氢的制造技术主要包括:金属与酸(活泼金属也可与水)反应制氢,电解水制氢,太阳能制氢,矿物燃料制氢及一些化工生产会有氢气副产物等。

实验室制氢多选用轻金属与水或酸液进行反应生成氢气,一般属于演示的范畴或小剂量氢气的制备,多采用下列化学反应:

$$Zn + HCl \rightarrow ZnCl_2 + H_2$$

$$Na + H_2O \rightarrow NaOH + H_2$$

$$CaH_2 + H_2O \rightarrow Ca(OH)_2 + H_2$$

这些反应多与较为活泼的碱金属相关,且反应过程较为剧烈,操作稍有差池就容易发生爆炸。这一制氢反应方法不易控制,不适用于大量制氢。

电解水制氢是目前应用较为广泛、技术较为成熟的制氢方法。电解水制氢过程即是 H_2 与 O_2 燃烧生成化合物 H_2O 的逆过程,纯水是电的不良导体,在电解水中加入电解质后,在水中通入阴、阳电极,以电能分解水生成 H_2 和 O_2,反应式可表示如下:

阴极　　　$H_2O + e^- \rightarrow OH^- + H_2$

阳极　　　$OH^- \rightarrow H_2O + O_2 + e^-$

总反应　　$H_2O \rightarrow H_2 + O_2$

电解水制氢的效率一般在75%~85%,其因工业过程简单、无污染、效率高而受到追捧。但由于电解水制氢过程中耗电量大,因此在工业化生产中受到节能和成本的限制。

利用太阳能生产氢气的系统,有光分解制氢、太阳能发电和电解水组合制氢系统,在此主要介绍光分解制氢。水不能自动吸收太阳能来分解,而需要借助某些光吸收物质(如光转化器或光敏剂)才可将太阳能转化为化学能。1972年,A. Fujishima 和 K. Honda 首次采用光电化学法利用 TiO_2 吸收太阳能把水分解为氢气和氧气[72],提出了光分解水制氢的概念,如图7-49所示。

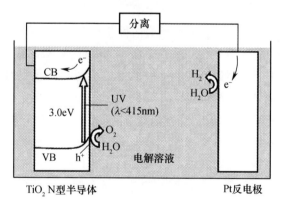

图7-49　光解水 Fujishima – Honda 效应示意图

光分解水制氢的本质是半导体材料的光电效应,如图7-50所示,当入射光的能量大于等于半导体的能带隙时,光能被吸收,价带电子跃迁到导带,产生光生电子和空穴。电子和空穴迁移到材料表面,与水发生氧化还原反应,产生 O_2

和 H_2。

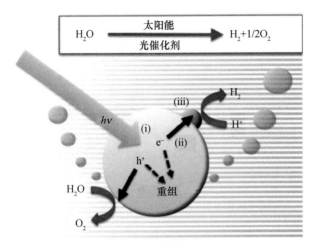

图 7 – 50　光分解水制氢原理示意图[73]

光解制氢主要包括 3 个过程,即光吸收、光生电荷迁移和表面氧化还原反应。

(1)光吸收。对太阳光谱的吸收范围取决于半导体材料的能带大小:能带间隙 $Band - gap(eV) = 1240/\lambda(nm)$,即带隙越小吸收范围越宽。对于光催化制氢催化材料来说,还要求导带的位置高于 H^+/H_2,价带位置低于 O_2/H_2O,因此理论上要求光催化材料的能带大小不小于 $1.23eV$。

(2)光生电荷迁移。材料的晶体结构、结晶度、颗粒大小等因素对光生电荷的分离和迁移有重要影响。缺陷会成为光生电荷的捕获和复合中心,因此结晶度越好,缺陷越少,催化活性越高。颗粒越小,光生电荷的迁移路径越短,复合几率越小。

(3)表面氧化还原反应。表面反应活性位点和比表面积的大小对这一过程有重要影响。通常会选用 Pt、Au 等贵金属纳米粒子或 NiO 和 RuO_2 等氧化物纳米粒子负载在催化剂表面作为表面反应活性位点,只要负载少量此类助催化材料就能大大提高催化剂的制氢效率。

目前,矿物燃料制氢的最主要方法是以煤、石油、天然气为原料。以煤为原料制氢的方法中主要有煤的焦化和气化。煤的焦化是在隔绝空气的条件下,于 $900 \sim 1000℃$ 制取焦炭,并获得焦炉煤气。按体积比计算,焦炉煤气中的含氢量约为 60%,其余为甲烷和一氧化碳等,因而可作为城市煤气使用。

煤的气化是指煤在常温常压或加压下,与气化剂反应转化成气体产物。气化剂为水蒸气或空气(氧气)。在气体产物中,氢气的含量随气化方法的不同而有变化。气化的目的是制取化工原料或城市煤气。水煤气的反应为

$$H_2O_{(g)} + C_{(s)} \rightarrow CO_{(g)} + H_{2(g)}$$

以天然气或轻质油为原料,在催化剂的作用下,制氢的主要反应为

$$CH_4 + H_2O \rightarrow CO + 3H_2$$

$$CO + H_2O \rightarrow CO_2 + H_2$$

$$C_nH_{2n+2} + nH_2O \rightarrow nCO + (2n+1)H_2$$

采用该方法制氢,反应温度一般在 800℃ ,而制的氢气的体积一般达 75%[74]。

在众多的大规模制氢工艺中,都存在高能耗的生产缺陷。因此,寻求一种为制氢提供廉价且可持续发展能源的研究成为提高制氢技术的热点之一。太阳能作为用之不竭的清洁能源,被认为是未来能源的最终来源。由于太阳光中可见光约占 50% ,所以近年来人们对可见光分解水制氢气做了大量研究,提高制氢效率的关键在于催化剂的选择,相关研究人员目前主要致力于寻找、研制高效光催化剂。1998 年,C. Kyeong – Hwan[75]等人用铯负载 – 铌酸钾盐做光催化剂,在 450W 的汞灯照射下测得 37.4mmol/h 的氢气释放速度。河北工业大学的王桂赟[76]等人通过制备出光催化剂 $CoO/SrNO_3$,在 400W 汞灯照射下得到 480μmol·gcat^{-1}·h^{-1} 的制氢速率,其中光能量到氢气的转换效率为 3.33×10^{-10}mol/J。西安交通大学动力工程多相流国家重点实验室郭烈锦研究组[77]用负载铂的纳米氮杂 TiO_2 光催化剂在 300W 汞灯照射下,制氢速率约达到 1.6mmol/h,其中光能量到氢气的转换效率为 1.48×10^{-9}mol/J。

1995 年,日本 S. L. Chin 和 S. Lagace[78]用激光替代可见光,在不用催化剂的条件下成功分解水得到了氢,制氢装置示意图如图 7 – 51 所示。实验选用高能钛宝石飞秒激光器聚焦辐照液态水,除激光器产生超连续白光以外,在激光脉冲的自聚焦区域中的强激光分解水分子,产生了氢气和氧气。

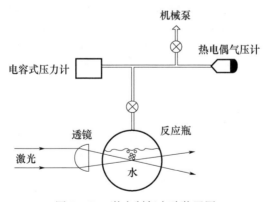

图 7 – 51　激光制氢实验装置图

2004 年,M. A. Gondal 等人[80]以 Fe_2O_3 为催化剂,成功实现了激光制氢(图 7 – 52)。实验首先对 Nd: YAG 激光器输出的 1063nm 激光进行 3 倍频,获得355nm的脉冲紫外激光;将355nm脉冲激光经过整形导入到电磁搅拌器中,通过Fe_2O_3的催化作用,实现对水的分解,产生氢气和氧气。

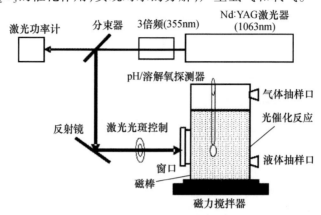

图7-52　Fe_2O_3催化激光制氢实验装置图

　　太阳光泵浦固体激光器实现了从太阳能到激光能的能量转化。由此,太阳光到氢气的转化除了用太阳光直接分解水,还可以先用太阳光泵浦激光,再用激光去分解水。这既解决了对制氢工艺中高能耗的能源成本问题,又从环保的角度减少了制氢过程中对大气等自然环境的破坏。

参考文献

[1] Glaser P E. Power from the sun: Its future[J]. Science, 1968, 162(3856): 857 - 861.

[2] Satellite power system: concept development and evaluation program, reference system report [J]. Nasa Sti/recon Technical Report N, 1979, 79.

[3] Mankins J C. Space Solar Power New Energy Options for the 21ST Century Overview and Introduction Overview and Introduction, SCTM project, http://http://space - power. grc. nasa. gov/ppo/sctm/11.

[4] Study on Space Solar Power Systems, JAXA Contractor Report (in Japanese), 2002.

[5] Senda K, Ishimura K, the USEF S. Conceptual study of SSPS demonstration experiment[J]. Radio Science Bulletin, 2004 (310): 9.

[6] 李振宇,石德乐,申景诗,等. 基于激光的无线能量传输技术[J]. 空间电子技术,2013,10(003): 71 - 76.

[7] Yugami H, Kanamori Y, Arashi H. Field experiment of laser energy transmission and laser to electric conversion[J]. Proceedings of the Intersociety Energy Conversion Engineering Conference, 1997, v1, 625 - 630.

[8] Steinsiek F, Foth W P, Weber K H, et al. Wireless power transmission experiment as an early contribution to planetary exploration missions[C]//Proc. 54th International Astronautical Congress, Bremen, Germany. 2003, 29.

[9] Nobuki Kawashima, Kazuya Takeda, Kyoichi Yabe. Application of the laser energy transmission technology

to drive a small airplane[J]. Chinese Optics Letters, 2007, 5(s1): 109 – 110.

[10] Nobuki Kawashima, Kazuya Takeda. Laser Energy Transmission for a Wireless Energy Supply to Robots. Robotics and Automation in Construction,2008.

[11] Shane McGlaun (Blog) – July 12, 2012 9 :26 AM. Lockheed Martin Stalker UAV Powered by Laser Light for 48 Hours. http ://www . dailytech . com/article . aspx ? newsid = 25156.

[12] 何滔, 杨苏辉, 张海洋, 等. 高效激光无线能量传输及转换实验[J]. 中国激光, 2013 (3): 247 – 252.

[13] Wei Liu H L. Development of DARPA's F6 Program[J]. Spacecraft Engineering, 2010, 2: 013.

[14] 洪延姬, 李修乾, 窦志国. 光推进研究进展[J]. 航空学报, 2009, 30(11): 2003 – 2014.

[15] Bohn W L. Laser propulsion – quo vadis [C]//American Institute of Physics, 2008, 997: 47 – 55.

[16] Cook J R. Laser propulsion – is it another myth or a real potential [C]//American Institute of Physics, 2008, 997: 109 – 118.

[17] Rather John D G. Ground to space laser power beaming: missions, technologies, and economic advantage [C]//American Institute of Physics, 2003, 664: 37 – 48.

[18] Landis G A. Satellite eclipse power by laser illumination [J]. Acta Astronaut, 1991, 25(4): 229 – 233.

[19] Andrews D D. Interstellar propulsion opportunities using near – term technologies[J]. Acta Astronaut, 2004, 55(3 – 9): 443 – 451.

[20] Krier H, Glumb R J. Concepts and status of laser – supported rocket propulsion[J]. Journal of Spacecraft and Rockets, 1984, 21(1): 70 – 79.

[21] Lin J. Time – resolved imaging for the dynamic study of ablative laser propulsion[J]. Dissertation Abstracts International, 2004 vol 65 – 10:5215.

[22] Shi Lei, Zhao Shanghong, Fang Shaoqiang, et al. Research of laser propulsion technology used in orbited space mobile carrier[J]. Laser Journal, 2007, 28(2): 6 – 8. (in Chinese).

[23] Myrabo L N, Messit D G, Mead F B. Ground and flight tests of a laser propelled vehicle [J]. AIAA Paper, 1998: 98 – 1001.

[24] Sasoh A. Laser – driven in – tube accelerator [J]. Rev Sci Instr,2001, 72(3): 1893 – 1898.

[25] Sasoh A, Urabe N, Kim S S M, et al. Impulse – scaling in a laser – driven in – tube accelerator[J]. Applied Physics A, 2003, 77(2): 349 – 352.

[26] Guo Zhenhua, Xu Desheng. Effect of high – power laser radiation [J]. Laser Technology, 1989, 13(5): 15 – 20. (in Chinese).

[27] Cheng Zuhai, Wang Xinbing, Wang Youqing. Theoretical and experimental study of laser propulsion [J]. Laser & Photonics Progress, 2001, 38(9): 39. (in Chinese).

[28] Ke Changjun, Wan Zhiyi. Laser propelled vehicle [J]. Laser & Photonics Progress, 2003, 40(8): 18 – 21. (in Chinese).

[29] Sun Chengwei. Mechanism analysis for laser propelled spacecraft [C]//Proceedings of Thermal and Mechanical Effects of Laser,2000: 1 – 8. (in Chinese).

[30] Zheng Yijun. Effect of laser parameters on momentum coupling coefficient of laser propulsion [D]. Beijing: Institute of Electronics, Chinese Academy of Sciences, 2006. (in Chinese).

[31] Lu Xin, Zhang Jie, Li Yingjun. Prospective applications of laser plasma propulsion in rocket technology [J]. Physics, 2002, 31 (12): 796 – 799. (in Chinese).

[32] Zhang N, Zhao Y, Zhu X. Light propulsion of microbeads with femtosecond laser pulses [J]. Opt Express, 2004, 12(15): 3590 – 3598.

[33] Zheng Yijun, Tan Rongqing, Zhang Kuohai, et al. Experiment of laser – propulsion free – flight [J]. Chinese Journal of Lasers, 2006, 33(2): 171 – 174. (in Chinese).

[34] Tan R, Zheng Y, Ke C, et al. Experimental study on laser propulsion of air – breathing mode [C] //American Institute of Physics, 2006, 830: 114 – 120.

[35] Zheng Z Y, Zhang J, Hao Z Q, et al. Paper airplane propelled by laser plasma channels generated by femtosecond laser pulses in air [J]. Opt Express, 2005, 13(26): 10616 – 10621.

[36] 洪建, 童靖宇, 王吉辉, 等. 激光驱动微小碎片技术可行性研究试验[J]. 航天器环境工程, 2002, 19(2): 51 – 54. DOI: 10. 3969/j. issn. 1673 – 1379. 2002. 02. 008.

[37] 本诚. 空间环境工程学[M]. 北京: 宇航出版社, 1993.

[38] 玉峰, 盛朝霞, 张虎, 等. 强激光清除空间碎片的力学行为初探[J]. 应用激光, 2004, 24(1): 24 – 26. DOI: 10. 3969/j. issn. 1000 – 372X. 2004. 01. 007.

[39] Rather John D G. Ground to space laser power beaming: missions, technologies, and economic advantage [C]//American Institute of Physics, 2003, 664: 37 – 48.

[40] Phipps C R, Albrecht G, Friedman H, et al. ORION: clearing near – Earth space debris using a 20 – kW, 530 – nm, Earth – based, repetitively pulsed laser [J]. Laser and Particle Beams, 1996, 14(1): 1 – 44.

[41] Schall W. Laser radiation for cleaning space debris from lower earth orbits [J]. Journal of Spacecraft and Rockets, 2002, 39(1): 81 – 91.

[42] Vasile M, Maddock C, Saunders C. Orbital debris removal with solar concentrators[C]. //Proceedings of the 61st 22 International Journal of Aerospace Engineering International Astronautical Congress. Prague: IAC – 10 – A6. 4. 13, 2010: 1 – 11.

[43] Smith E S, Sedwick R J, Merk J F. Assesing the potential of a laser – ablation – propelled tug to remove large space debris [J]. Journal of Spacecraft and Rockets, 2013, AIAA early edition.

[44] Phipps C R. A laser – optical system to re – enter or lower low Earth orbit space debris[J]. Acta Astronautica. 93(2014): 418 – 429.

[45] 金星, 洪延姬, 李修乾. cm 级空间碎片的激光清除过程分析[J]. 强激光与粒子束, 2012, 24(2): 281 – 283.

[46] 常浩, 金星, 洪延姬, 等. 地基激光清除空间碎片过程建模与仿真 J]. 航空学报, 2012, 33(6): 994 – 1001.

[47] 徐浩东, 李小将, 张东来. 地基激光辐照空间碎片降轨模型研究[J]. 现代防御技术, 2012, 40(3): 18 – 23.

[48] 金星, 洪延姬, 常浩. 地基激光清除椭圆轨道空间碎片特性的计算分析[J]. 航空学报, 2013, 34(9): 2064 – 2073.

[49] 洪延姬, 金星, 王广宇, 等. 激光清除空间碎片方法[M]. 北京: 国防工业出版社, 2013: 51 – 52.

[50] 金星, 洪延姬, 李修乾, 等. cm 级空间碎片的激光清除过程分析[J]. 强激光与粒子束, 2012, 24(2): 281 – 284. DOI: 10. 3788/HPLPB20122402. 0281.

[51] Kaplan M H. Survey of space debris reduction method [C] // AIAA. Space Program s and Technologies Conference and Exhibit. California: AIAA – 2009 – 6619, 2009: 1 – 11.

[52] Mon Roe D K. Space debris removal using high – power ground – based laser[C] // AIAA. Space Pro-

grams and Technologies Conference and Exhibit, 1993. Washington, D. C. : AIAA – 1993 – 4238, 1993: 1 – 6.

[53] Phipps C R. ORION : clearing near – earth space debris in two years using a 30 kW repetitively – pulsed laser[R]. Edinburgh : SPIE Digital Library, 1997, 3092 : 728 – 731.

[54] Phipps C, Birkan M, Eckel H A. Review : laser – ablation propulsion[J]. Journal of Propulsion and Power, 2010, (04) : 609 – 637.

[55] Boh N W L. Pulsed Coil for space debris rem oval[C]//SPIE. Conference on Gas and Chemical Laser and Intense Beam Applications. San Jose: SPIE, 1999, 3612 : 79 – 84.

[56] 彭玉峰, 盛朝霞, 张虎. 强激光清除空间碎片的力学行为初探[J]. 应用激光, 2004, (01) : 24 – 26.

[57] 李春来, 欧阳自远, 都享. 空间碎片与空间环境[J]. 第四纪研究, 2002, 22(6) : 540 – 551.

[58] 徐浩东, 李小将, 李怡勇, 等. 地基激光空间碎片清除技术研究[J]. 装备指挥技术学院学报, 2011, 22(3) : 71 – 75. DOI: 10. 3783/j. issn. 1673 – 0127. 2011. 03. 016.

[59] 吕明春, 梁红卫. 高能激光武器及其技术发展[J]. 激光杂志, 2008, (01) : 1 – 4. doi: 10. 3969/ j. issn. 0253 – 2743. 2008. 01. 001.

[60] 任国光. 地基激光反卫的发展现状与大气补偿实验[J]. 激光与红外, 2007, (01) : 68 – 73. doi: 10. 3969/j. issn. 1001 – 5078. 2007. 01. 001.

[61] 黄虎, 张耀磊, 易娟, 等. 天基激光清除空间碎片方案设想[J]. 国际太空, 2014, (4) : 45 – 47.

[62] 韩威华, 甘庆波, 何洋, 等. 天基激光清理低轨空间碎片的最佳角度分析与过程设计[J]. 航空学报, 2015, 36(3) : 749 – 756. DOI: 10. 7527/S1000 – 6893. 2014. 0295.

[63] 耿元波, 董云社, 孟维奇. 陆地碳循环研究进展[J]. 地理科学进展, 2000, 19(4) : 297 – 306.

[64] Jordan R N, Yonge D R, Hathhorn W E. Enhanced mobility of Pb in the presence of dissolved natural organic matter[J]. Journal of Contaminant Hydrology, 1997, 29(1) : 59 – 80.

[65] International energy agency, Key world Energy Statistics 2008, 28.

[66] 郭庆杰. 温室气体二氧化碳捕集和利用技术进展[M]. 北京: 化学工业出版社, 2010: 9 – 15.

[67] Yabe T, Uchida S, Ikuta K, et al. Demonstrated fossil – fuel – free energy cycle using magnesium and laser [J]. Applied physics letters, 2006, 89(26) : 261107.

[68] Yabe T, Mohamed M S, Uchida S, et al. Noncatalytic dissociation of MgO by laser pulses towards sustainable energy cycle[J]. Journal of applied physics, 2007, 101(12) : 123106.

[69] Yabe T, Suzuki Y, Satoh Y. Renewable Energy Cycle with Magnesium and Solar – Energy – Pumped Lasers [C] International Conference on Renewable Energies and Power Quality (ICREPQ'14) Cordoba (Spain), 8th to 10th April, 2014.

[70] Liao S H, Yabe T, Baasandash C, et al. Laser – induced Magnesium Production from Magnesium Oxide for Renewable Magnesium Energy Cycle[C]//International Symposium on High Power Laser Ablation 2010. Aip Publishing, 2010, 1278(1) : 271 – 279.

[71] Liao S H, Yabe T, Mohamed M S, et al. Laser – induced Mg production from magnesium oxide using Si – based agents and Si – based agents recycling[J]. Journal of Applied Physics, 2011, 109(1) : 013103.

[72] Fujishima A, Honda K. Photolysis – decomposition of water at the surface of an irradiated semiconductor [J]. Nature, 1972, 238(5385) : 37 – 38.

[73] Abe R. Recent progress on photocatalytic and photoelectrochemical water splitting under visible light irradiation[J]. Journal of Photochemistry and Photobiology C : Photochemistry Reviews, 2010, 11(4) : 179 –

209.

[74] 陈军,袁华堂. 新能源材料 [M]. 北京:化学工业出版社,2003:45 - 49.

[75] Chung Kyeong - Hwan, Park Dae - Chul. Photocatalytic decomposition of water over cesium - loaded potassium niobate photocatalysts. J Molecular Catalysis A: Chemical, 1998,(129):53.

[76] 王桂赟,王延吉,等. CoO/SrTiO₃ 的合成及光催化分解水制氢性能[J]. 物理化学学报,2005,21(1):84 - 88.

[77] 杨鸿辉,延卫,张耀君,等. Pt/TiO₂ - xNx 光催化剂的制备及其产氢活性研究[J]. 西安交通大学学报,2005,39(5): 514 - 517.

[78] Chin S L, Lagace S. Generation of H₂, O₂, and H₂O₂ from water by the use of intense femtosecond laser pulses and the possibility of laser sterilization. APPLIED OPTICS, Vol. 35, No. 6.

(a)　　　　　　　　　　　　(b)

图 1 - 19　北京理工大学研制的太阳光泵浦固体激光器和聚光腔

(a)　　　　　　　　　　　　(b)

图 1 - 20　实验所用聚光腔类型(2012 年)

（a)漫反射聚光腔;(b)镜面反射聚光腔。

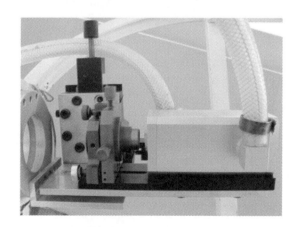

图 1 - 21　组装完整的太阳光泵浦激光器谐振腔实物图(2012)

图 1 - 22　镜面反射式分腔水冷结构聚光腔实物图

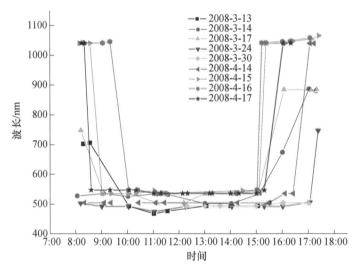

图 2 - 16　一天当中太阳光谱峰值波长变化情况

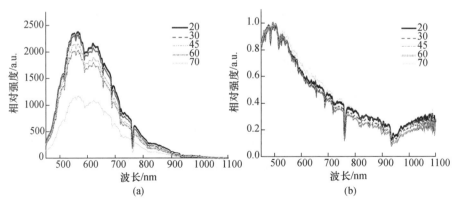

图 2 - 17　同一方位不同倾角太阳光谱

(a)测量光谱曲线;(b)校正后归一化光谱曲线。

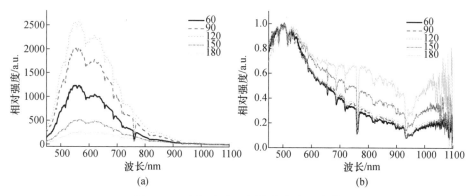

图 2 - 18　同一倾角不同方位角太阳光谱

（a）测量光谱曲线；（b）校正后归一化光谱曲线。

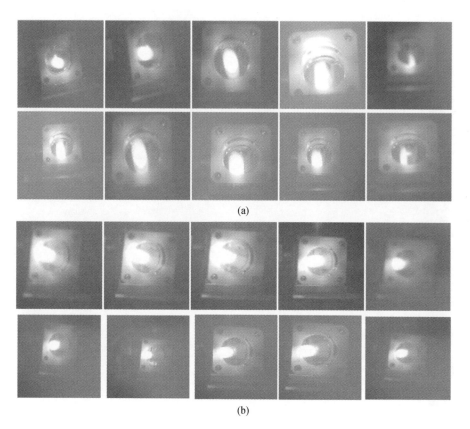

图 2 - 29　聚光腔窗口汇聚太阳光变化

（a）方位；（b）俯仰。

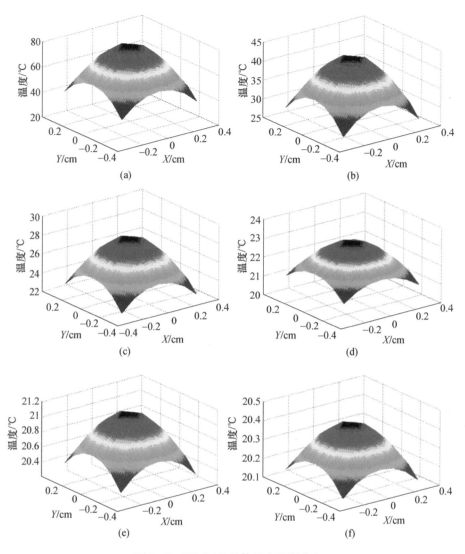

图 3 - 7　Nd: YAG 晶体棒内温度分布

（a）z = 0cm 棒截面温度分布；（b）z = 2cm 棒截面温度分布；（c）z = 4cm 棒截面温度分布；
（d）z = 6cm 棒截面温度分布；（e）z = 8cm 棒截面温度分布；（f）z = 10cm 棒截面温度分布。

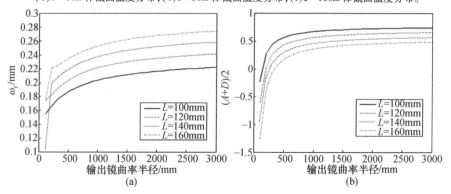

图 3 - 15　不同腔长下热透镜处光斑半径与 $(A + D)/2$ 参数随输出镜曲率半径变化曲线

（a）输出镜曲率半径与光斑半径的关系；（b）输出镜曲率半径与谐振腔稳定性的关系。

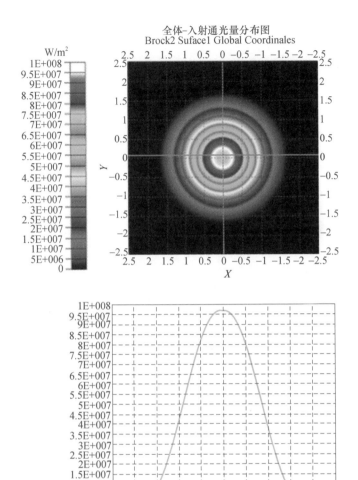

图 4 - 20 Tracepro 模拟的入射光源

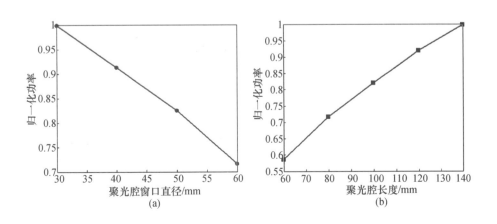

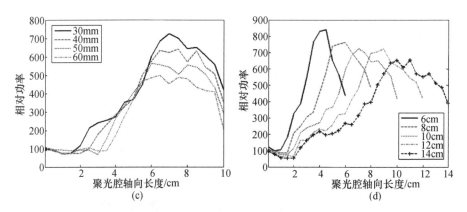

图 4 - 21　软件模拟的镜面反射聚光腔各参数与汇聚功率的关系

（a）聚光腔窗口直径与汇聚功率的关系曲线；（b）聚光腔长度与汇聚功率的关系曲线；

（c）聚光腔入射窗口直径与轴向功率分布的关系；（d）聚光腔长度与轴向功率分布的关系。

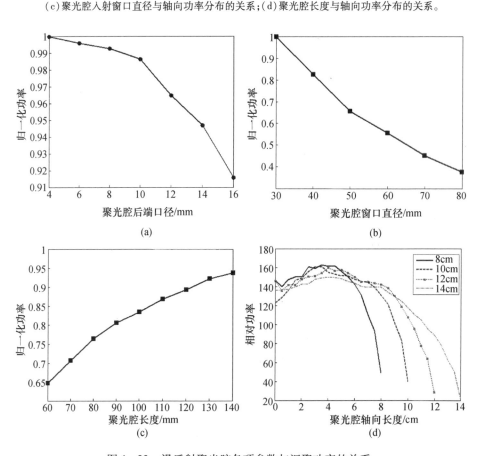

图 4 - 23　漫反射聚光腔各项参数与汇聚功率的关系

（a）漫反射聚光腔后端口径与汇聚功率的关系曲线；（b）漫反射聚光腔入射窗口直径与汇聚功率的

关系曲线；（c）漫反射聚光腔长度与汇聚功率的关系曲线；（d）漫反射聚光腔轴线上汇聚功率分布曲线。

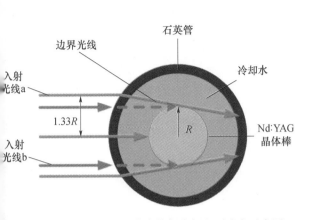

图 4-25　石英套管耦合侧面泵浦光示意图

图 6-17　配备太阳自动跟踪装置
的太阳光泵浦激光器实验装置

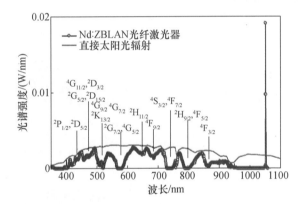

图 6-27　激光工作物质的吸收光谱与太阳光谱对比

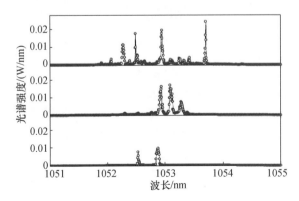

图 6-28　不同时间激光发射光谱的合成图（由下到上记录）

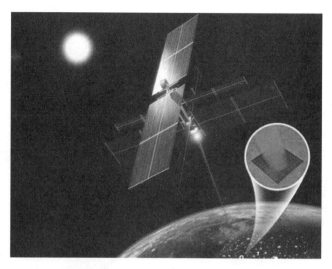

图 7-2　空间太阳能电站概念图

图 7-3　美国太阳塔空间太阳能电站概念图

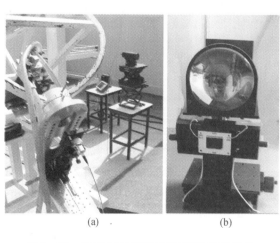

(a)　　　　　　　　(b)

图 7-27　基于太阳光直接泵浦固体激光器的
地面无线能量传输系统实物图

（a）耦合装置、发射装置；（b）接收装置。

图 7-29　飞行状态下的"光船"
实验照片